# 100种

## ·食用及药用花·
## 彩色图鉴

车晋滇　编著

U0393137

全国百佳图书出版单位

化学工业出版社

·北京·

## 内容简介

本书收录了我国主要食用及药用植物花100种（隶属59个科），其中，草本植物花48种，藤本植物花3种，灌木植物花227种，木本植物花27种。介绍了每种植物的形态特征、分布生境、食用方法、药用功效等。书中配有彩色植物图片和菜肴图片250余幅，便于读者鉴赏。

本书图文并茂、内容丰富、通俗易懂、实用性强，可供植物爱好者、烹饪爱好者、花卉生产经营者等参考使用。

**图书在版编目（CIP）数据**

100种食用及药用花彩色图鉴/车晋滇编著. —北京：
化学工业出版社，2022.8
ISBN 978-7-122-41328-4

Ⅰ.①1… Ⅱ.①车… Ⅲ.①花卉-图谱 Ⅳ.①S68-64

中国版本图书馆CIP数据核字（2022）第075380号

- - - - - - - - - - - - - - - - - - - - - - - - - - - - - - - - -

责任编辑：李 丽　　　　　　　　文字编辑：李 雪 李娇娇
责任校对：王 静　　　　　　　　装帧设计：史利平

- - - - - - - - - - - - - - - - - - - - - - - - - - - - - - - - -

出版发行：化学工业出版社
　　　　　（北京市东城区青年湖南街13号　邮政编码100011）
印　　刷：三河市航远印刷有限公司
装　　订：三河市宇新装订厂
850mm×1168mm　1/32　印张6　字数159千字
2023年1月北京第1版第1次印刷

- - - - - - - - - - - - - - - - - - - - - - - - - - - - - - - - -

购书咨询：010-64518888　　　　售后服务：010-64518899
网　　址：http://www.cip.com.cn
凡购买本书，如有缺损质量问题，本社销售中心负责调换。

- - - - - - - - - - - - - - - - - - - - - - - - - - - - - - - - -

定　　价：49.00元　　　　　　　　　　版权所有　违者必究

前言

　　植物的花是一种独具特色的食材，在我国饮食文化中有着悠久的历史。早在战国时期楚国大臣、文学家屈原在《离骚》中就有"朝饮木兰之坠露兮，夕餐秋菊之落英"的佳句。唐朝时期就有许多以花制作的糕点和菜肴出现在宴席上。清代《养小录》中设有"餐芳谱"一章，叙述了20多种鲜花食品的制作方法。现今我国仍然有食药用花的习俗，如著名的菊花宴、牡丹花宴、荷花宴等。国内一些宾馆、酒楼、乡村饭店推出以花制作的菜肴深受食客喜爱，国外许多国家也十分推崇鲜花食品，因此鲜花食品被认为是21世纪食品消费的新潮。花这种古老而又时髦的食材越来越受到人们的青睐。

　　植物的花不仅可以观赏和食用，而且还有很好的食疗保健作用。古人即有"药食同源"之说，如玫瑰花、月季花、牡丹花等，具有活血、祛瘀、调经、解郁等功效；又如菊花、金银花、金莲花等，具有清热解毒、养肝明目、抗菌消炎等功效。用花酿制药酒、制作药膳是中医药学的瑰宝，在人类预防和治疗疾病、强身健体中发挥了重要作用，如菊花首乌酒、枸杞菊花酒、桃花白芷酒、菊花鲈鱼、玫瑰花烤羊心、兰花粥等。古人用曼陀罗花制作麻醉剂，用于外科手术。早在东汉末年，著名医学家华佗用花的芳香气味治疗肺痨等疾病。许多古今医学书籍中都有花的"踪影"。

植物的花富含蛋白质、脂肪、碳水化合物、氨基酸、胡萝卜素、多种维生素、多种矿物质及微量元素等。有些花还含有花青素、黄酮类化合物等成分，具有抗氧化、美容护肤等作用。花的营养丰富，易被人体吸收，经常食用以花或花粉制作的食品对人体健康十分有益。

种植食药用花是一项高效益农业。随着我国农业种植结构的调整，许多地方出现了以种植鲜花和中草药为主的乡村景观农业、食药用花专业合作社等生产经营实体。景观农业的出现和鲜花种植业的大规模发展，不仅美化了生态环境、促进了乡村旅游业的发展，又在带动农民增收致富、向市场提供更多的优质食药用花货源、促进产业化发展等方面发挥了重要作用。

作者在众多的植物花中，选择了取材方便、食用安全、品味较好的100种食用及药用花编写成书，通过图文并茂的形式介绍食药用花的种类、识别特征、分布生境、食用方法、药用功效等方面，为广大读者提供参考。

由于作者水平有限，书中不妥之处在所难免，恳请广大读者和专家批评指正。

编著者

2022年10月

第一章　花的概述 　1

第二章　食用及药用花各论 　19

# 第一章

## 花的概述

# 一、花的基本构造

高等植物的一朵完全花通常是由花萼、花冠、雄蕊群和雌蕊群组成的。有些植物的花缺少其中的一部分或多部分，则被称为不完全花。花的形成在植物个体发育中标志着植物从营养生长转入了生殖生长。

**花梗：**花梗又称为花柄，是着生花的小枝，起着支持花的作用。其内部结构与植物的茎相似，并与茎连通，是各种营养物质和水分由茎向花输送的通道。当植物的果实形成时花梗就成了果柄（果梗）。花梗的长短粗细因植物的不同种类而异，如苹果、梨的花梗较长，而木瓜的花梗则很短。

**花托：**花托位于花梗的顶端，是着生花萼、花瓣、雄蕊群和雌蕊群的部分，在多数植物中花托是呈稍膨大状的。花托的形状、大小、长短因植物的种类不同而异。有的花托呈棒状或圆锥形，有的凹陷呈杯状或壶状等。而花生的花托，在花受精后能迅速伸长，形成雌蕊柄，将花的子房推入土壤中结成果实。

**花萼：**花萼位于花的最外轮，由若干萼片组成，其结构与叶片相似，通常呈绿色。根据萼片的离合程度，花萼有离萼和合萼之分。有些植物种类在花萼之外还有副萼，如棉花、朱槿（扶桑）、木芙蓉、草莓等。花萼和副萼具有保护花蕾、幼果的作用，并可进行光合作用，为子房的生长发育提供营养物质。有些植物的花萼在开花后会宿存下来，如苹果、茄子、柿子、玫瑰花等。

**花冠：**花冠位于花萼的内轮，由若干花瓣组成，排成一轮或多轮。花瓣有分离或不同程度的联合，植物学称之为离瓣花和合瓣花，如杏花、桃花等为离瓣花；南瓜花、牵牛花、曼陀罗花等为合瓣花。花冠一般都有鲜艳的色彩，不同植物的花有不同的颜色，花瓣细胞中有的含有色体，有的含有花青素，有的二者都有。许多植物的花瓣中含有挥发性的芳香油或芳香腺体，能释放出芳香气味。花冠的颜色和气味有利于招引昆虫进行授粉。

**花被：**花萼与花冠合称为花被，尤其是当花萼与花冠形态相似不易区分时，常统称为花被，如百合花、玉兰花等。

**雄蕊群**：一朵花内所有的雄蕊总称为雄蕊群，着生在花冠的内方。雄蕊由花丝、花药组成。花丝常呈细长状，基部着生在花托或贴生在花冠上，花丝支撑着花药，使之伸展在一定的空间，有利于散粉。花药是花丝顶端膨大成囊状的部分，一般由4个花粉囊组成，成熟的花药内产生大量的花粉粒。一朵花中雄蕊的数目常随植物种类的不同而不同，如小麦的花有3个雄蕊，油菜花有6个雄蕊，桃花、棉花等有多数雄蕊。

**雌蕊群**：一朵花内所有的雌蕊总称为雌蕊群。许多植物的一朵花中只有1个雌蕊。雌蕊位于花的中央部位。雌蕊由心皮卷合发育而成，心皮是适应生殖的变态叶，它是组成雌蕊的基本单位。不同植物的心皮数目不同。雌蕊由柱头、花柱、子房、胚珠组成。柱头位于雌蕊的顶端，常扩展成各种形状，是承受花粉的地方。花柱位于柱头与子房之间，是花粉管（由花粉粒在柱头萌发形成）进入子房的通道。子房是雌蕊基部膨大的部分，外为子房壁，内为1或数个子房室，胚珠着生在子房室内。受精后整个子房发育成果实，子房壁形成果皮，胚珠发育成种子。

在千姿百态形态各异的植物中，有些植物的花单生在叶腋处或茎枝的端部，如菊花、玉兰花、白兰花等。有些植物由许多花以一定的方式和顺序排列在花序轴上形成花序，如油菜花、苹果花、小麦花等。花序的排列形式多种多样，如常见的穗状花序、总状花序、圆锥花序、肉穗花序、头状花序、伞形花序、伞房花序、柔荑花序等。

# 二、食药用花的含义

本书所说的花是指可以用来食用、药用或药食兼用的植物花朵及花粉。它包括草本植物的花、藤本植物的花、木本植物的花等。

在食用与药用花中，有些植物的花可以被整朵食用，如黄花菜花、白兰花、桂花等。有些植物的花可以食用它的花序，如油菜的嫩花序、槐树花的花序、核桃的花序等。有些植物的花只是食用它的花瓣,如荷花、百合花、牡丹花、芍药花、菊花等。有些植物的花则食用它的花丝,如木棉花摘除花瓣后食用花丝;玉米食药用它的雌蕊部分(中药称玉米须)。有些植物的花可以食用它的花萼,如玫瑰茄、带花萼的幼嫩石榴等。有些植物的花可以食用它的花粉,如人工采集的松花粉、香蒲花粉等。有些植物的花则主要是食用未开苞的花蕾,如茉莉花、桃花、杏花、梨花、金银花、玫瑰花等。

# 三、花与人类生活的关系

## 1.食、药、日用品原料

花是高等植物的有性繁殖器官,由花芽发育而成,是形成雌性生殖细胞和雄性生殖细胞并进行有性生殖的场所。花通过授粉后发育形成果实和种子,一方面是物种的延续,另一方面则向人类提供大量食药用物质。花含有大量花粉,养育了蜜蜂,蜜蜂又向人类提供大量蜂蜜,并帮助植物进行授粉。有些花还含有芳香油、色素等成分,通过现代加工技术,可从花中提取出高价值的天然香料、香精、色素等,为食品加工、药物制造、化妆品制作、香皂制作等制造业服务。

## 2.科学研究

植物分类学家常以花的形态、颜色、雌蕊、雄蕊、花萼、副花萼、花序等,作为植物分类鉴定的重要依据。植物遗传育种学家常以植物的花作为基础材料,开展相关的遗传育种技术研究,获取高品质、抗病虫性强、高产稳产的优良品种,以提高植物单位面积的产量,适应人口日益增长的需要。

## 3.美化环境

园林工人种植的花草树木,可以挡风沙、防扬尘、吸附有害气体、绿化美化生态环境。在公园和小区等建设中，设计师会充分考虑不同类型植物的搭配，尽量做到不同季节有不同的开花植物。家庭养花可以净化室内空气，改善居住环境，修身养性，陶冶情操，丰富业余文化生活。

### 4.社交礼仪

国际间的交往常以送鲜花的形式表达心意。英雄人物、科技精英等的表彰大会，也常以献鲜花的形式表达崇拜和敬仰。人们过生日、出席宴会、交友、探望病人、祭奠先人等，常送鲜花寄予祝福或表示哀思。在美国夏威夷等地年满18岁的公民，亲朋好友要为他庆祝，给他脖颈上戴鲜花制作的花环，祝福他迈进了成年人的行列，将独立承担社会责任和法律责任。

### 5.文化艺术

文艺工作者创作出了许多脍炙人口的颂花歌曲，如《好一朵茉莉花》《牡丹之歌》等。文人墨客以花为题材吟诗作画，工艺美术家以花为题材，制作出了许多流传于世的绝代佳品。花还被一些国家和城市定为国花或市花。如樱花是日本的国花，玫瑰是美国的国花等。又如牡丹是洛阳、菏泽等城市的市花；君子兰是长春市的市花；菊花是北京、太原、开封等城市的市花；玉兰花是上海、汕头等城市的市花；荷花是济南、澳门等的市花；木棉花是广州等城市的市花。

此外，古代人常用有香味的花制作胭脂粉，制作悬挂居室和随身佩戴的香包，用凤仙花等花朵涂染指甲。许多贵妇人还会在头上或胸前佩戴鲜花，以增加香气和彰显身份。

总之，花与人类的生活息息相关，在整个生态系统中起着十分重要的作用，如果没有花，世界将变得黯然无色。同时，花还是植物的繁殖器官，如果没有花，人类和动物将因为缺少食物而无法生存。

# 四、食药用花的文化

## 1.饮食文化

我国将花用于食用或药用有着悠久的历史。早在战国时期楚国大臣、文学家屈原在《离骚》中就有"朝饮木兰之坠露兮，夕餐秋菊之落英"的佳句。唐朝人把菊花糕、桂花栗子羹等作为宴席的佳品。宋代人用菊花、梅花、桂花等食材制作梅花粥、广寒糕等食品。清代《养小录》中"餐芳谱"一章，叙述了20多种鲜花食品的制作方法。清朝慈禧太后为美容养生，经常食用御膳房用鲜花制作的各种菜肴和糕点；常用鲜花制作的脂粉润肤，因而老来容颜不衰，肤发保养得极好。

在漫长的历史进程中，我国食用鲜花制作的食品种类和烹制技术得到了进一步的发展。云南是我国食用鲜花种类最多、数量最大的省份，市场常有食用鲜花供顾客选购，傣族等少数民族喜欢用鲜花做菜肴招待亲朋好友。至今我国云南、四川、广东、山东、河南等地还有吃花宴的习俗，如著名的菊花宴、牡丹花宴、荷花宴等。并有许多著名菜肴流传于世，如菊花水蛇羹、菊花鲈鱼、菊花龙凤骨、白兰花炒鸡片、桂花栗子、桂花鲜贝、茉莉花鸡脯、芙蓉鸡片、桂花丸子、茉莉花汤、牡丹花汤、茉莉花豆腐、茉莉花拌杏仁、酱醋迎春花等。国内许多餐馆推出以花制作的菜肴和食品深受食客喜爱。

国外也十分推崇用鲜花制作的食品。法国巴黎、英国伦敦、美国加州等地的餐馆用鲜花制作的食品生意红火。日本人把花卉视为优质无污染的花瓣蔬菜。每当樱花盛开的时节，人们就会做樱花茶、樱花寿司、樱花饼、樱花蛋糕等食用。东欧一些国家喜欢用玫瑰花煮果酱等。土耳其人用茉莉花、紫罗兰等制作甜食。

鲜花这种古老而又独具特色的食材越来越受到人们的青睐。

## 2.食疗保健文化

古有"药食同源"之说。早在周朝，宫廷中就有专为帝王养生保健服务而设立的"食医"。他们会精心调配出既美味，又有保健功效的特殊药膳供帝王享用。战国时期中医经典著作《黄帝内经》中记载有一些药膳方。秦汉时期的《神农本草经》记载有菊花、旋覆花、辛夷、款冬、百合等的药用方法。明朝医学家李时珍编写的《本草纲目》巨著中，记载有药用花卉100多种。清代赵学敏在《本草纲目拾遗》中专门列出了"花部"一节，记述了30余种药用花卉。现代出版的《中药大辞典》中收录了花卉药物250余种。这些古今医药书籍对食药用花文化起到了很好的传承和发展作用。

我国用花酿酒有着悠久的历史。北宋文学家苏东坡喜用松花粉制作食品和酿酒。古人会应时节取材酿酒，如春季酿桃花酒，夏季酿荷花酒，秋季酿菊花酒，冬季酿梅花酒，其风味独特，流传甚广。至今我国酿制的桂花陈酒、菊花酒、玫瑰酒等仍远销海内外，深受人们喜爱。药酒是我国古代创造出的一种独特剂型。通过酒的浸泡把药的有效成分析出来，可通血脉，增强药力，温暖肠胃，抵御风寒。药酒既可防病治病，又可滋补强身、延年益寿，并有制作简单、服用方便、便于保存等特点，因而受到历代医家的重视，享有较高的声誉。现今我国百姓仍然会根据自身状况，用花等食材泡制一些药酒来调养身体，如菊花首乌酒、明目杞菊酒、枸杞菊花酒、桃花白芷酒、红花黄芪酒等。

# 五、食药用花的营养保健价值

## 1.营养价值

花是植物的精华所在，含有丰富的营养物质。例如我们日常吃的黄花菜就富含蛋白质、脂肪、碳水化合物、维生素A（视黄醇）、B族维生素、维生素C（抗坏血酸）、维生素E（生育酚）、维生素K（凝血维生素）、胡萝卜素、钙、铁、磷、钾、钠、镁、锌、硒、铜等。黄花菜具有较好的健脑抗衰作用，有"健脑菜"之称。特别适合处在智力发育期的儿童和用脑过度的现代人食用。

花粉是营养价值极为丰富的天然物质。目前已经确定的花粉组分已达400多种，富含氨基酸、蛋白质、碳水化合物（包括膳食纤维）、脂类、维生素、矿物质、胡萝卜素、雌雄激素等。我国著名医学家叶橘泉教授认为："花粉是一种营养最全面的食疗佳品，具有强体力、增精神、迅速消除疲劳、美容、延缓衰老的作用。"当今花粉已被广泛应用于食品、保健品、药品、化妆品等行业，越来越受到人们的重视和喜爱。

### 2.保健价值

许多花是物美价廉、经济实惠的"良药"，在人类预防和治疗疾病、强身健体、美容护肤中发挥了不可磨灭的作用。

东汉末期，著名医学家华佗用花等香料制作的香囊悬挂室内，用其芳香气味治疗肺痨、吐泻等疾病。国外有"香花医院"，对患有神经衰弱、抑郁症、呼吸道疾病、高血压等的病人进行治疗。在人们的日常生活中常用菊花、金银花、金莲花等泡茶喝，具有清热解毒、消炎、养肝明目等功效。玫瑰花气味芳香，人们将它做成玫瑰露、玫瑰酱、玫瑰月饼、玫瑰馅元宵及各种菜肴食用，有理气、解郁、散瘀、通经、养颜等功效。

花除了含有丰富的营养物质外，有些花还含有花青素、类黄酮、芳香油等成分。花青素、类黄酮等物质，有较强的抗氧化作用，具有美容养颜、延缓衰老等功效。芳香油具有清热解毒、抗菌消炎、调节中枢神经、提神醒脑等作用。

我国花粉的应用历史悠久，早在秦汉时期的《神农本草经》中就记载了松黄（松花粉）和蒲黄（香蒲花粉）的功效："久服轻身益气力，延年。"《山东省中药材标准》中记载了蜂花粉的功效为："健脾益胃，补气养血，养阴益智，宁心安神。用于气血不足，心悸失眠，肠胃不适，神经衰弱，便秘等症。"（注：松花粉和香蒲花粉为人工采集的花粉品种。蜂花粉是指蜜蜂从高等植物上采集的花粉粒，经过蜜蜂加工而成的花粉团状物。）由此可见经常食用以花或花粉制作的食品对人体健康非常有益。

种植食药用花卉是一项高效益农业，用途广泛，前景广阔，开发利用价值高。不但可以美化生态环境，还可带动农民增收致富。花的深加工，可以获取更高的经济效益，如玫瑰花精油、桂花精油、西红花蕊等在国际市场上供不应求，价格极高。

# 六、花的食药用方法

我国地域广阔，可用来食用或药用的花的种类很多。由于南北方的气候、民俗、文化、饮食习惯以及植物花的种类不同，各地用花可制作出多种多样不同口味的菜肴及相关的食品。俗话说"食无定味，适口者珍"，尽管各地区的花用食材和所制作菜肴口味有所不同，但食用方式大致有以下几种。

1.凉拌

有些花清洗干净后可以直接用来做凉拌菜，如玫瑰花瓣、三色堇花瓣、四季海棠花等可与其他食材一起做凉拌菜。也有一些花经过开水焯烫后，可与其他食材一起加入调味品拌匀食用。凉拌保持了食材的原有味道，而且是营养物质保存最完好的食用方式。

2.炒食

是指把加工处理好的食材，与主料或配料放入锅中快速炒食的方法。炒食的特点是操作简单，时间短，方便快捷，基本保持了食材的原有风味，营养成分损失较少。

3.煎、炸

油煎是指把处理好的食材，拌入鸡蛋液或面糊中，在锅中放入少量油把食材煎熟的食用方法。其特点是用油量少、菜品色香诱人，如菊花鸡蛋饼等。油炸是指把处理好的食材，裹上鸡蛋面糊后，放入油锅中软炸或酥炸的食用方法。其特点是菜肴色泽金黄、香味浓郁。

### 4.炖、煮

是指把加工处理后的花，与其他食材在锅中加水和调味品一起煮，或用小火慢炖的食用方法。一般是先放入不易熟烂的食材进行炖或煮，当食材快熟的时候再放入花至熟时出锅食用。其特点是有汤有菜、味道鲜美醇厚。

### 5.蒸、烙

是指把花进行加工处理或与其他食材一起制作成馅料，用面皮包好或与面粉拌均匀后上笼屉蒸食或用饼铛烙熟的食用方法。如蒸槐树花饼、玫瑰花饼，烙月季花肉馅饼等。其特点是用油少、不油腻、口感松软。

### 6.煲汤、煮粥

是指原材料经过清洗处理后，与其他食材一起煲汤，或用慢火熬制成粥的食用方法。汤、粥的特点是制作简单、易于消化吸收，特别适合儿童、老年人及病人食用。

### 7.制作饮料

民间常将植物的花朵或花瓣用于制作饮料。特别是在炎热的夏季用金银花、菊花、玫瑰花等制作成饮料喝，具有清热解毒、祛暑除烦、生津止渴等功效。用茉莉花熏制的花茶是老北京人最喜爱的饮品之一。我国南方还有用白兰花、鸡蛋花、栀子花、木棉花等泡凉茶喝的习惯。

### 8.泡酒

民间常将植物的花处理干净后泡于白酒或米酒中，使原材料的有效成分溶于酒中，可长久保存，随时饮用。用花泡酒可以是单一原材料，也可以与其他材料一起。

### 9.干制

在食药用花出产旺季，除鲜用外，许多花还可以经过加工制作成干品贮存起来备用，随时供应市场。有些花经过干制加工过程可以去除异味和毒素，如黄花菜经过蒸煮或开水焯烫后晒干，可以去除黄花菜中的有毒物质"秋水仙素"，保障食物安全。

### 10.蜜制

采集的花朵清洗处理干净后，用蜂蜜或糖进行浸渍。蜜制可以使食材长时间保存，提升食材的口感，而且食用方便，如玫瑰花酱、糖桂花、玫瑰茄蜜饯等。蜜制后的食材主要用于做糕点的馅料或做菜肴的配料等。

## 七、食药用花应注意的事项

不是所有植物的花都能食用或药用。有些植物的花是有毒的，如果不认识的花请不要采集或随意品尝，以免误食后引起中毒。不可随意用花与中药材等一起泡酒，应在有经验的人员或药师的指导下泡制，以免不了解药材配伍，饮用后引起中毒。用花制作的菜肴、糕点等并非适合所有人群食用，有些人肠胃消化功能较弱，有些人平时食用的食物种类范围狭窄，开始食用以花制作的食品时可能不太适应，因而不宜过多食用，以免引起肠胃不适。对花粉过敏者来说，应慎用花或花粉制作的食物，以免引起过敏。

不要在公园、宾馆等公共场所采摘花朵。不要采摘受国家保护的野生植物的花朵。可以通过农事操作疏花疏果，也可在自家庭院或种植园、专业生产合作社、药材市场、农贸市场或超市等处获取食药用花朵。

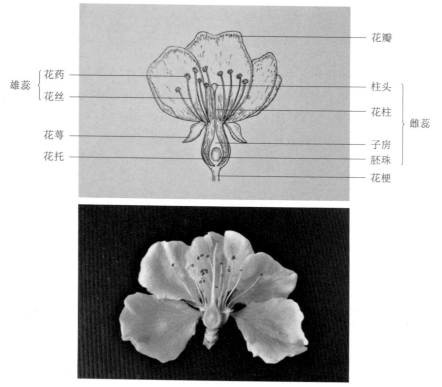

花瓣

雄蕊 { 花药
花丝

花萼

花托

柱头
花柱      雌蕊

子房
胚珠

花梗

完全花的剖面图

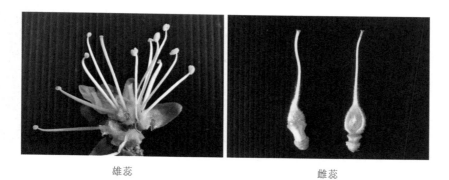

雄蕊

雌蕊

花的基本构造图 Ⅰ

❋ 100种食用及药用花彩色图鉴

单瓣花

重瓣花

离瓣花

合瓣花

萼片

副萼片

花的基本构造图 II

肉穗花序　　　　　　　　总状花序　　　　　　　　头状花序

伞形花序　　　　　　　复伞形花序　　　　　　　　伞房花序

圆锥花序　　　　　　　　轮伞花序　　　　　　　蝎尾状花序

**花的基本构造图 Ⅲ**

钟形花冠

漏斗形花冠

蝶形花冠

唇形花冠

杯形花冠

高脚碟形花冠

花的基本构造图Ⅳ

菊花瓷盘

水仙花瓷盘

梅花瓷盘

牡丹花瓷盘

**以花为图案烧制的高档瓷盘**

象形菜肴　　象形菜肴
喜鹊登梅　　荷花莲蓬

象形菜肴
菊花海参

非花食材制作的象形菜肴

鲜花点缀菜肴

唐代，吴道子《八十七神仙卷》中的盆景花

# 第二章

食用及药用花各论

# 荷花

【别名】莲花、水花、菡萏、芙渠

【学名】*Nelumbo nucifera* Gaertn.

【植物形态特征】睡莲科，多年生水生草本。叶片盾状圆形，表面被蜡质白粉，边缘波状全缘；叶柄长圆柱形，中空。花大，单生在花梗顶端；花有单瓣花和重瓣花，颜色有粉红色、深红色、淡紫色、白色等；莲蓬圆锥形。种子圆形，种皮红褐色。花期6～9月，果期9～10月。

【分布生境】我国各地均有栽培。生于池塘或浅水域中。

【食用方法】**油炸面糊荷花**：四川等地的一道菜肴，用3份面粉、1份糯米粉、2个鸡蛋搅拌均匀成面糊状，将荷花瓣洗净控水，均匀裹上面糊，然后放入油锅中炸至金黄色食用。

**荷塘小炒**：苏州等地的一道地方名菜，它是用荷花瓣、莲藕片、辣椒等食材烹制而成的特色菜肴。

**荷花丝娃娃菜**：将洗净的青椒、葱、胡萝卜、黄瓜、豆腐皮等切成丝，和酱料等一起卷入荷花瓣中吃的一道素菜。

**荷花豆苗蛋皮汤**：荷花1朵洗净切丝；豌豆苗30克洗净；鸡蛋2个磕入碗中打散搅拌均匀，倒入锅内煎成蛋皮后切成丝备用。锅内倒入少许油，用葱、姜丝爆香，倒入高汤，加盐、鸡精、料酒、胡椒粉调味，然后放入蛋皮丝、豌豆苗、荷花丝，煮沸即可装入汤碗中。

**荷花粥**：锅内注入1000毫升水，放入100克淘洗干净的大米煮成粥，再放入1朵荷花切成的丝，调入适量白糖，略煮即可。

**荷花牛肉**：荷花1朵洗净切成块；油菜100克洗净切段；牛肉200

荷花牛肉

克洗净切片，用水淀粉抓均匀备用。锅内放油烧热，先炒牛肉片，随后放入葱花、姜末、油菜炒透，用盐、黄酒、鸡精等调味，再撒上荷花略翻炒即可出锅装盘，另用1朵荷花放置盘边做点缀。

**荷花豆腐：**豆腐100克切成小块；荷花瓣100克洗净切成斜刀块；水发竹笋50克切丁；青豆30克洗净；火腿15克切丁备用。锅中倒油烧热，下入竹笋、青豆、火腿丁同炒，再放入豆腐块、鸡汤炖煮至汤近浓时，加盐、胡椒粉、荷花瓣，略翻炒几下即可装盘。

**荷花鱼片：**荷花1朵洗净，掰下花瓣围盘子边摆一圈；水发竹笋100克切成片；中等大小黑鱼1条处理干净，肉切成薄片上浆备用。锅中倒油烧热，放入鱼片滑散捞出。锅中留少许油，用葱白、姜丝煸炒出香味时，倒入高汤、竹笋片、盐、料酒煮开，用水淀粉勾芡，然后放入鱼片翻炒均匀后，装入摆有荷花瓣的盘中即可。

**荷花黄瓜炒肉：**30克去瓤的黄瓜切成片；2朵荷花洗净，掰下花瓣切成斜刀块；猪肉300克切成薄片，放入碗中上浆备用。锅内加油烧至五成热时，放入肉片滑散捞出。锅中留少许油，用葱、姜爆香，再放入滑好的肉片、黄瓜片和荷花瓣，翻炒均匀，倒入碗汁勾芡，淋入熟油，略翻炒几下即可出锅装盘。

**【药用功效】**荷花性味苦，甘，凉，具有活血止血、解热清心等功效，用于跌打损伤、天泡湿疮、热毒等症。白荷花露是用荷花花蕾蒸馏所得的芳香水，具有清热解暑等功效，用于烦热口渴、喘咳痰血等症。

**【其他用途】**可做鲜切花等。荷叶可沏茶或做食材的包装材料。

荷花是我国的传统名花，有"花中君子"的美誉。苏州一带把农历六月二十四日定为荷花日。每当骄阳似火、暑热难耐之际，到荷塘边小憩，清风袭来，碧波荡漾，荷花盛开，清香沁人，令人倍感清爽。正像宋代诗人杨万里在赞荷诗中写的："毕竟西湖六月中，风光不与四时同。接天莲叶无穷碧，映日荷花别样红。"荷花"出污泥而不染"，它象征着鞠躬尽瘁、为官清廉的高尚品德而被世人传扬。

荷花丝
娃娃菜

荷花豌豆
苗蛋皮汤

油炸面糊
荷花

# 睡莲花

【别名】子午莲、瑞莲、茈碧花

【学名】*Nymphaea tetragona* Georgi

【植物形态特征】睡莲科，多年生水生草本。叶漂浮水面，圆心形或肾圆形，先端圆钝，基部具深弯缺，叶面绿色有光泽；叶柄细长，圆柱形。花大，单生在花梗顶端，漂浮在水面；花白色，花瓣8～15枚，长圆形、长卵形或卵形；有些品种的花有粉红色、黄色、紫红色等颜色。浆果球形，包在萼片内。花期7～8月，果期8～10月。

【分布生境】我国各地有栽培。生于池塘、沼泽地、浅水域中。

【食用方法】睡莲花、花梗和嫩根状茎都可食用。在我国广西、云南，及越南等地的水塘中、河湖边，睡莲花随处可见，常被用来制作菜肴。

**睡莲花粥**：锅中倒入1000毫升水，放入100克大米煮成粥，加入1朵花的花瓣略煮即成。

**睡莲花鸡蛋汤**：锅内倒入高汤，放入100克切成段的小白菜煮熟，淋入1个鸡蛋蛋液，放入1朵花的花瓣，用盐、鸡精、香油调味即成。

**睡莲花鱼丝**：鳜鱼1条（约500克重），去头、去尾、去皮、去骨、去刺，清洗干净后，肉切成丝，用蛋清、黄酒、盐、淀粉浆好；水发冬

笋150克切丝；睡莲花瓣洗净摆放在盘子的周围备用。锅内加油烧至六成热时，下入葱丝、姜丝爆香，放入鱼肉丝、冬笋丝滑散，滗去油，加盐、鸡精、黄酒等炒均匀，淋上香油后，装入摆有花瓣的盘子中间即成。

**凉拌睡莲花：**睡莲花数朵掰下花瓣洗净控干水分，装入盘中上锅蒸熟，拌入盐、鸡精、蒜泥、香油即成。

**睡莲花梗炖排骨：**睡莲花梗撕去外皮清洗干净，切成小段，与切成小块的排骨一起炖食。

**睡莲花梗炖鱼：**睡莲花梗撕去外皮清洗干净，切成小段，与用油炸好的鲤鱼一起炖食。

【药用功效】花性味甘，苦，平，具有消暑、定惊等功效，用于小儿惊风等症。根茎入药，味甘，微苦，性平，具有解暑、润肺、降压等功效，用于咳嗽，水肿，高血压等症。

【其他用途】可做水域或池塘的观赏植物。

# 毛茛科

# 芍药花

【别名】白芍药、川芍、殿春、将离

【学名】*Paeonia lactiflora* Pall.

【植物形态特征】毛茛科，多年生草本。下部叶2回3出复叶，上部叶为3出复叶。小叶狭卵形、椭圆形或披针形，叶缘有骨质细刺。花大，生枝端或叶腋，花梗细长；花有白色、粉红色、粉白色等多种颜色。蓇葖果，顶端有喙。种子圆形，黑色。花果期5～8月。

【分布生境】东北、华北、西北等地，生于山坡灌丛。各地有栽培。

【食用方法】**芍药花粥**：锅中放入100克大米、30克切碎的龙眼肉，加水1000毫升煮成粥，再放入30克芍药花丝，调入适量蜂蜜即成。

**芍药花炒鸡片**：锅中油烧热，用葱、姜炝锅，放入200克鸡胸脯片滑散后，放入20克鲜蘑菇片、25克竹笋片、20克煮熟的青豆、少量料酒、盐、鸡精，迅速翻炒，再放入30克切成小块的芍药花，翻炒几下即可出锅。

**芍药花鲤鱼汤**：鲤鱼一条处理干净，放入油锅炸成金黄色捞出。

锅内放底油，用葱、姜丝爆香，倒入高汤，放入炸好的鲤鱼，加料酒、盐，煮15分钟后，放入20克芍药花瓣、30克香菜、少许胡椒粉即可。

**芍药花炒肚丝：**锅中油烧热，放入葱、姜丝爆香，倒入100克煮熟切好的猪肚丝、150克用水焯好的芹菜段，加盐、白糖、胡椒粉、鸡精、红葡萄酒等调味，最后放入150克芍药花丝，翻炒几下即成。

【药用功效】根入药，性味酸，凉。具有养血平肝、缓中止痛、阴敛止汗等功效。用于胸腹胁肋疼痛，泻痢腹痛，自汗，盗汗，月经不调，崩漏，带下等。

【其他用途】可做鲜切花。

# 金莲花

【**别名**】旱金莲、金梅草、金芙蓉、金疙瘩

【**学名**】*Trollius chinensis* Bge.

【**植物形态特征**】毛茛科，多年生草本。茎直立，不分枝，光滑无毛。茎生叶轮廓五角形，3全裂；中裂片菱形，3裂至中部，2回裂片有少数小裂片和锐齿；茎上部叶片渐小。花通常单生于茎顶端，金黄色；萼片多数，黄色，椭圆状倒卵形或倒卵形。蓇葖果，具网脉，顶端有稍向外弯的短喙。种子近卵形，黑色。花果期6～9月。

【**分布生境**】东北、华北、内蒙古、河南等地。生于山坡、草地。

【**食用方法**】**金莲花茶**：新鲜金莲花或干品数朵放入杯中，用开水冲泡当茶喝，有清咽利喉等保健作用。此外，新鲜花朵洗净后，在开水中略焯一下捞出，可与其他食材一起做汤食用。

【**药用功效**】夏季至秋季采集花朵，鲜用或晒干。花性味苦，寒。具有清热解毒、祛瘀消肿等功效。用于上呼吸道感染，扁桃体炎，咽炎，急性中耳炎，急性鼓膜炎，急性结膜炎，急性淋巴管炎，口疮，痈肿疮毒等症。

【**其他用途**】可引种栽培做观赏植物。

# 千日红花

【别名】百日红、火球花、球形鸡冠花

【学名】*Gomphrena globosa* L.

【植物形态特征】苋科，一年生草本。茎直立，具分枝，被糙毛。叶对生，椭圆形或长圆状倒卵形，先端锐尖或圆钝，基部渐狭。头状花序生茎顶端；花序基部有2枚叶状圆三角形的绿色总苞片；每花有膜质苞2片；花紫红色、深红色、粉红色等；花被片窄披针形，外面密被白色绵毛；花柱线形，柱头2裂。胞果近球形，黑色。花果期7～10月。

【分布生境】我国南北各地广为栽培。多见于公园、庭院等地。

【食用方法】千日红茶：花数朵放入杯中，用沸水冲泡当茶喝，有清肺、降血压、降血脂等保健功效。

【药用功效】夏季或秋季采集花朵晒干。花性味甘，平。具有平肝明目、止咳定喘等功效。用于肝热头晕，目赤疼痛，气喘咳嗽，百日咳，小儿惊风等症。

【其他用途】可做鲜切花或干花。

# 鸡冠花

【别名】鸡公花、鸡髻花、鸡角枪

【学名】*Celosia cristata* L.

【植物形态特征】苋科,一年生草本。茎直立,粗壮,具棱纹。叶互生,长椭圆形至卵状披针形。穗状花序多变异,生茎枝顶端,常见为扁平肉质鸡冠状,有红、紫、黄、白等色;苞片、小苞片和花被片干膜质。胞果卵形,成熟时盖裂。种子肾形,黑色,有光泽。花果期7～10月。

【分布生境】我国大部分地区有栽培。多见于公园、庭院等地。

【食用方法】**鸡冠花炒肉片:**幼嫩鸡冠花洗净切成片,放入开水锅中略煮片刻捞出,然后放入清水中漂洗,控干水分后与肉片炒食。

**鸡冠花炖鸭肝:**鲜嫩鸡冠花2朵切成块,与鸭肝一起炖食。

**鸡冠花粥:**鲜白鸡冠花250克加水1000毫升煎煮取其汁水,再与100克大米同煮成粥,吃时可放入白糖或蜂蜜。

**鸡冠花酒:**白鸡冠花180克晒干研成粗末包在纱布包中,米酒1000毫升,一同装入容器中,密封7天后即可饮用。每日清晨空腹饮用30～50毫升,有止泻止带作用。

【药用功效】花性味甘,涩,凉。具有止血、止带、止痢等功效。用于咳血,吐血,崩漏,便血,痔漏下血,赤白带下,久痢不止等症。

【其他用途】可做插花。

# 青葙花

【别名】野鸡冠花、鸡冠苋 、牛尾巴花、狐狸尾

【学名】*Celosia argentea* L.

【植物形态特征】苋科，一年生草本。茎直立，分枝，具纵条纹。叶片披针形或椭圆状披针形，顶端渐尖，基部渐狭，全缘。穗状花序圆柱形，单生茎顶或枝端。花密生，花序上部粉红色，下部白色；苞片和花被片干膜质，粉红色或白色；雄蕊5，花药紫红色；花柱细长，紫红色，柱头2～3裂。胞果，盖裂。种子凸镜状肾形，黑色。花果期5～10月。

【分布生境】原产于印度。我国分布于长江以南各地。生于山坡、荒地。

【食用方法】采集青葙的嫩花序或嫩茎叶，清水洗干净，用开水焯后，可做凉拌菜或与肉炒食。还可做青葙花灵芝炖瘦肉、青葙花炖豆腐、青葙花猪肉汤、青葙花田鸡等菜肴。

【药用功效】花序性味苦，微寒。具有清肝、凉血、明目等功效，

用于吐血，头风，目赤，血淋，月经不调，白带异常，血崩等症。种子性味苦，凉。具有清热明目、祛风除湿等功效。用于目赤肿痛，眼翳，肝火眩晕，小便不利，皮肤风热瘙痒等症。

【其他用途】种子可做糕点等。

# 十字花科

# 油菜花

【别名】芸薹菜、台菜花、红油菜、青菜

【学名】*Brassica rapa* var. *oleifera*

【植物形态特征】十字花科，一年生草本。基生叶和茎下部叶呈琴状分裂；茎中上部叶卵状椭圆形，先端渐尖，基部心形，半抱茎。花序为疏散的总状花序；萼片4，微向外伸展；花瓣4，倒卵形，鲜黄色；雄蕊6，4强，排列为2轮；雌蕊1，子房上位。长角果，先端具1长喙。种子多数，近圆球形，黑色或暗红褐色。花期3～5月，果期4～6月。

【分布生境】我国西南等地有大面积种植。

【食用方法】油菜花主要是食用带花序的菜薹，为四川、云南等地人们喜爱的家常菜。

**油菜薹炒肉**：带花序的油菜薹清水洗净，切成段，与肉炒食。也可素炒或煮汤食用。

**油菜薹炒鸡蛋**：鸡蛋2个磕入碗中搅拌均匀，锅中放油烧热，倒入鸡蛋液炒散盛出备用。另起锅倒入少许油烧热，用葱花、姜末炝锅，放入500克切成段的油菜薹炒至断生，加入炒好的鸡蛋、盐、鸡精等快速翻炒几下即可出锅。

【药用功效】油菜性味辛，凉。具有散血、消肿等功效。用于劳伤吐血，血痢，丹毒，热毒疮，乳痈等症。

【其他用途】种子可榨食用油。秸秆可做牲畜饲料。

# 二月兰

【别名】诸葛菜

【学名】*Orychophragmus violaceus* (L.) O.E.Schulz

【植物形态特征】十字花科，一年生或二年生草本。茎直立，绿色或略带紫色。叶形变化大，一般基生叶为大头羽状分裂，顶裂片近圆形或卵形，侧裂片2～6对，卵形或三角状。茎上部叶长卵形或狭卵形，基部两侧耳状抱茎。总状花序顶生；花紫红色、浅红色、粉白色等；花萼筒状，紫色。长角果，具4棱，先端具1长喙。种子多数，卵形至长圆形，黑棕色。花果期4～6月。

【分布生境】我国北方地区。生于平原荒地、山坡、丘陵等地。

【食用方法】带花序的嫩茎叶清水洗净，切成段，放入开水锅中焯至颜色变绿时捞出，再放入凉水中过凉，挤干水分后，可做凉拌菜、素炒或与肉炒食。也可煮汤或做包子的馅料。

【药用功效】株体性味辛，甘，平。具有解毒、利尿等功效。用于消化不良，热毒风肿，乳痈等症。

【其他用途】可做观赏花。嫩植株可做蔬菜或牲畜饲料。

二月兰炒粉丝

# 豆科

# 扁豆花

【别名】眉豆花、南豆花、白扁豆花、峨眉豆花

【学名】*Dolichos lablab* L.

【植物形态特征】豆科，一年生缠绕草本。3 出复叶，小叶菱状阔卵形至斜菱状阔卵形，叶片两面有短毛。总状花序腋生，花 2～4 朵丛生在花序轴的节上；花冠紫红色或白色；子房有绢毛，基部有腺体，花柱近顶端有白色髯毛。荚果镰刀形或扁圆柱形，先端弯曲有尖喙。种子扁长圆形，白色至紫黑色，种脐月牙形。花果期 7～10 月。

【分布生境】我国各地广为栽培。常攀爬在篱笆上或竹架上。

【食用方法】花朵洗干净，用开水焯后，可与肉炒食。新鲜花朵可
与大米一起煮粥。嫩豆荚焯水后，可与牛肉炒食。种子用水泡透后，
可与大米一起焖豆饭食用。

【药用功效】花、种子入药。夏季至秋季采集未完全开放的花朵，
晒干；秋季采集成熟的果荚，晒干剥取种子。扁豆花性味甘，淡，平。
具有健脾胃、清暑化湿等功效。用于痢疾，泄泻，赤白带下等症。白
色扁豆种子性味甘，微温。具有健脾胃、清暑化湿等功效。用于暑湿
吐泻，脾胃虚弱，大便溏泄，白带过多，胸闷腹胀等症。

【其他用途】植株可做牲畜饲料。

# 桑科

# 啤酒花

【别名】忽布、香蛇麻、啤瓦古丽、蛇麻草

【学名】*Humulus lupulus* L.

【植物形态特征】桑科，多年生缠绕草本。叶片卵形，3～5裂或不裂，先端尖，基部心形，叶缘具锯齿，叶面粗糙密被小刺毛，叶背疏生毛和黄色小腺点。雌雄异株，花序腋生；雄花序圆锥状，花黄绿色；雌花每2朵生于1苞片腋部，苞片覆瓦状排列成短穗状；果穗呈球果状，宿存苞片增大，气味芳香。瘦果扁圆形，褐色。花果期7～10月。

【分布生境】新疆北部、四川北部、甘肃。生于山沟、林缘等处。

【食用方法】主要用于制造啤酒的芳香原料和苦味剂。

【药用功效】夏季至秋季花盛开时采集雌花序，鲜用或晒干。花性味苦，微凉。具有健胃、消食、安神、利尿等功效。用于消化不良、腹胀、浮肿、膀胱炎、肺结核、胸膜炎、失眠、麻风等症。

【其他用途】茎叶可做牲畜饲料。

# 旱金莲科

# 旱金莲

【别名】旱莲花、旱荷、金莲花

【学名】*Tropaeolum majus* L.

【植物形态特征】旱金莲科，一年生或多年生草本攀援植物。叶互生，近圆形，有9条主脉，叶缘具波状钝角；叶柄长，盾状着生于近叶片的中心处。花单生叶腋，花梗细长；萼片5，基部合生，上面1片延伸成长距；花橘红色或红色，花瓣5，上面2片较大，下面3片较小，基部有长爪，爪缘细裂成毛状；子房3室，柱头3裂。果实成熟时

分裂成3个分果。花果期春季至夏季。

【分布生境】原产于中美洲、南美洲。我国各地有栽培。

【食用方法】**旱金莲汤**：初开的旱金莲花10朵，掰成花瓣清水洗净；鸡蛋2个磕碗中打散搅均匀备用。锅内放少许油烧热，葱、姜末爆香，倒入适量热水烧开，水淀粉勾薄芡，淋入鸡蛋液，撒入旱金莲花瓣，用盐、鸡精、香油调味即可。

【药用功效】全草入药，性味辛，凉。具有清热解毒等功效。用于目赤肿痛、疮毒等症。

【其他用途】可盆栽做观赏植物。

# 凤仙花科

# 凤仙花

【别名】急性子、指甲花、金凤花、灯盏花

【学名】*Impatiens balsamina* L.

【植物形态特征】凤仙花科，一年生草本。株高可达80厘米。茎直立，肉质略透明，光滑，有分枝。叶互生，披针形，先端渐尖，基部楔形，叶缘有锯齿；叶柄有数个腺体。花单生或数朵花簇生叶腋处；花瓣圆形，先端微凹，花有红色、淡黄色、白色等；花萼距向下弯，两侧片宽卵形，疏生柔毛。蒴果卵形，密被白色茸毛，果实成熟

时会弹裂将种子射出。种子多数,椭圆形,深褐色,有短毛。花果期7～10月。

【分布生境】原产于印度、中国南部等地。我国各地广为栽培。

【食用方法】凤仙花饮:鲜凤仙花15克放入锅中,加水和适量冰糖煎汁代茶饮。

凤仙花当归酒:容器中放入凤仙花90克,当归60克,白酒1000毫升,密封7天后即可饮用。每次饮用30～50毫升,有活血消肿等功效。

【药用功效】开花期下午采集,晒干。花性味甘,苦,温。具有祛风、活血、消肿止痛等功效。用于风湿,腰肋疼痛,妇女闭经腹痛,产后瘀血未净,跌打损伤,痈疽,疔疮,鹅掌风,灰指甲等症。

【其他用途】凤仙花瓣可染指甲。

# 锦葵科

# 蜀葵花

【别名】端午花、熟季花、一丈红、棋盘花

【学名】*Althaea rosea* (L.) Cav.Diss.

【植物形态特征】锦葵科，多年生草本。茎直立，被星状毛。叶近圆形或卵圆形，粗糙皱缩，常呈5～7浅裂，基部心形；叶柄长。长总状花序，花单生叶腋，有红、黄、紫、黑紫、白等多种颜色，单瓣或重瓣。端午时节花开正浓。蒴果扁球形。种子扁圆，肾形。花果期6～9月。

【分布生境】原产于我国西南部。我国大部分地区有栽培。生于山坡、沟边、村寨旁、田地边、庭院、公园等。

【食用方法】蜀葵花含色素，易溶于水和酒精，可用于饮料等食品的着色。

**冰镇蜀葵花**：洗干净的冰镇蜀葵花，可直接蘸调料食用，口感滑润清爽，风味独特，特别适合夏天食用。也可做大拌菜的配料。

**蜀葵花鸡蛋羹**：容器中磕入鸡蛋，加适量水、盐打成蛋液，在蛋液中间平放一朵蜀葵花瓣，上锅蒸熟，吃前滴入少许生抽和香油即可。

**蜀葵花鸡蓉**：选大朵蜀葵花洗净，包入调好味的鸡蓉，用香菜梗扎口，上锅蒸熟即可。

**蜀葵花豆腐汤**：豆腐切小块与虾仁一起煮汤，出锅前加入调味品和适量的蜀葵花瓣，略煮即可。

**蜀葵花粥**：锅中加入1000毫升水，放入100克洗净的大米煮成粥，加入30克洗净的鲜蜀葵花瓣、适量冰糖略煮即成。

**蜀葵花酒**：选用紫色或桃红色蜀葵花数朵，洗净沥干水分装入容

器中，加入1000毫升白酒密封7天即可饮用，酒色艳丽略带清香味。

蜀葵花还可做蜀葵花鱼汤、蜀葵花炒肉丝、蜀葵花鸡肉卷、蜀葵花蒸嫩鸡等菜肴。

【药用功效】花性味甘，寒。具有和血润燥、通利二便等功效。用于痢疾，吐血，血崩，带下，疟疾，小儿风疹等症。根可入药，味甘，性寒。具有清热凉血、利尿排脓等功效。用于淋病，白带，尿血、肠痈疮肿等症。种子入药，味甘，性寒。具有利水通淋等功效。用于水肿，淋病，便秘等症。

【其他用途】种子可榨油。

蜀葵花最早见于四川，1600多年前晋朝崔豹著的《古今注》。

唐朝岑参写的流传甚广的《蜀葵花歌》很能说明蜀葵花的特点："昨日一花开，今日一花开。今日花正好，昨日花已老。始知人老不如花，可惜落花君莫扫。人生不得长少年，莫惜床头沽酒钱。请君有钱向酒家，君不见，蜀葵花。"

古代蜀葵花是十二月令花中七月令的花主。七月蜀葵花神，相传是红颜薄命的汉武帝宠妃李夫人。李夫人花容月貌，绝代风华，她的兄长李延年曾为她写过一首动人的诗："北方有佳人，绝世而独立。一顾倾人城，再顾倾人国。宁不知倾城与倾国？佳人难再得。"李夫人短暂而又绚丽的生命，宛如朝开暮落的蜀葵花一般。

蜀葵花鸡蓉

蜀葵花鸡蛋羹

蜀葵花豆腐汤

冰镇蜀葵花

# 玫瑰茄

【别名】洛神花、山茄子、洛神葵

【学名】*Hibiscus sabdariffa* Linn.

【植物形态特征】锦葵科，一年生草本。茎中上部的叶片掌状3深裂，叶缘有锯齿。花单生叶腋处，花冠粉白色，内面基部深红色；小苞片8～15条，披针形，基部于萼合生；花萼肉质肥厚，紫红色，裂片5。蒴果卵球形，果瓣5。种子肾形。花果期夏季至秋季。

【分布生境】湖南、广东、福建、云南等地。多为人工栽培。

【食用方法】玫瑰茄含有丰富的花青素，被誉为"植物红宝石"。

**玫瑰茄饮：** 杯中放入干玫瑰茄数朵，加适量冰糖，用开水冲泡10分钟即可饮用，色如玫瑰晶莹剔透，酸甜适口，有生津止渴等保健作用，特别适合炎热的夏天饮用。

玫瑰茄的花萼可做蜜饯、果酱、糕点馅料、冰糕、罐头、汽水、

饮料、果酒等的原料。

【药用功效】花萼性味微酸,凉。具有敛肺止咳、降血压、解酒等功效。用于肺虚咳嗽,高血压,咽干口渴等症。

【其他用途】花萼可提取玫瑰色素,是食品加工业的着色剂。

玫瑰茄蜜饯

玫瑰茄饮

# 三色堇

【别名】蝴蝶花、鬼脸花

【学名】*Viola tricolor* L.

【植物形态特征】堇菜科，一年生或二年生草本。株高约30厘米。基生叶近圆心形，有长柄。茎生叶卵状长圆形或宽披针形，叶缘有圆钝齿。花单生于花梗顶端；花瓣近圆形，有紫色、蓝色、黄色、白色等颜色。蒴果无毛。花期4～7月，果期5～8月。

【分布生境】原产于欧洲。生于山坡、草原地。世界各地广为栽培。

【食用方法】三色堇果冻：琼脂（洋菜）放入锅中加水煮开溶化后，放入糖、三色堇和切好的小块菠萝、西瓜、桃搅拌均匀，倒入容器中冷却凝固后即可食用。

三色堇凉拌菜：容器中放入切成片的黄瓜、小水萝卜、樱桃番茄、用手撕成片的生菜、苦苣菜、洋葱，加入三色堇，拌入调味品即可。

三色堇沙拉：容器中放入切成块或片的苹果、香蕉、西瓜等水果，拌入三色堇和沙拉酱即可。

三色堇小鱼干汤：锅中加水烧开，放入小鱼干略煮，勾入水淀粉使汤呈稀稠状，淋入鸡蛋液，调味后，撒入三色堇花瓣，略煮片刻即成。

【药用功效】全草入药，开花时采集，鲜用或晒干。用于咳嗽，小儿瘰疬等症。

【其他用途】可做盆栽供观赏。

三色堇凉拌菜

三色堇小鱼干汤

# 四季海棠

【别名】蚬肉海棠、蚬肉秋海棠

【学名】*Begonia semperflorens* Link et Otto

【植物形态特征】秋海棠科，多年生草本。茎直立，肉质，多分枝。叶片稍肉质，卵形或宽卵形，先端急尖或钝，基部稍心形略偏斜，叶缘有锯齿和缘毛，两面光滑，绿色，但主脉通常微红。托叶大，干膜质状。花数朵聚生于总花梗上，花粉红色或红色；雄花较大，花被片4；雌花稍小，花被片5。蒴果，绿色，有红色的翅。家庭养花花期可全年。

【分布生境】我国各地有栽培。多见于庭
院、公园、花坛等地。

【食用方法】四季海棠花味酸，一
般做菜肴的配料。

**四季海棠花鱼片：**黑鱼切成片上
浆，放入油锅炸至两面微黄时捞出
装盘。锅内放少许油烧热，倒入调味
汁烧开，放入四季海棠花瓣翻炒几下，
浇在鱼片上即可。

四季海棠花鱼片

**四季海棠花炒肉丝：**猪里脊肉切成丝
浆好，锅内油烧热，用葱花爆香，放入肉丝滑
散滑熟，调味后撒入四季海棠花瓣，略翻炒几下即可出锅。

【药用功效】花性味酸，凉。具有清凉散毒等功效。鲜花、叶片捣
烂外敷治疮疖。

【其他用途】可做绿化带和花坛的观赏花。

# 中华秋海棠

【别名】野秋海棠、岩丸子、红黑二丸

【学名】*Bejonia grandis* subsp. *sinensis* A.DC.

【植物形态特征】秋海棠科，多年生草本。株高可达60厘米。茎直立，圆柱形，淡褐色，光滑。叶互生，阔卵形，先端渐尖，基部心形偏斜，叶缘具锯齿；叶柄细长。托叶膜质，卵状披针形。聚伞花序顶生或腋生；花粉红色，雄花花被片4，雌花花被片5。蒴果长1.2～2厘米，有3条翅。花期7～9月。

【分布生境】西南、东南、华西、华东、华北等地。生于山坡阴湿处或岩石缝中。

【食用方法】花朵和嫩茎叶均可食用，有酸味，一般做配菜用。

中华秋海棠凉拌菜：花朵洗净沥干水分，可与黄瓜片、生菜、苦菊、樱桃番茄、紫甘蓝等时令蔬菜一起放入盆中，加调味品凉拌食用。

中华秋海棠炒肉丝：花朵及嫩茎叶洗净切段，与肉丝炒食，味道酸香适口，别具风味。

中华秋海棠煮汤：花朵洗净切段，可与其他食材一起煮汤。

中华秋海棠炒肉丝

【药用功效】全株入药，性味甘，苦，微寒。具有活血止血等功效。用于跌打损伤，痢疾，红崩白带等症。

【其他用途】不详。

# 三七花

【别名】参三七、金不换、田七、山漆

【学名】*Panax notoginseng* (Burk.) F. H. Chen

【植物形态特征】五加科，多年生草本。根粗壮，不规则形。掌状复叶，3～4枚轮生于茎顶，叶柄细长；小叶3～7枚，椭圆形或长圆状倒卵形，叶缘有细锯齿，具小叶柄。花序梗长，伞房花序顶生；花小，多数，黄绿色；花萼5裂，绿色；花瓣和雄蕊均为5。核果浆果状，近肾形，成熟时红色。花期6～8月，果期8～10月。

【分布生境】云南、四川、广西等地。生于山坡林荫下。多为栽培。

【食用方法】三七花为云南、贵州等地的特产，一般用于沏茶。

【药用功效】夏季采集花朵，鲜用或晒干。花性味甘，凉。具有清热、平肝、降压等功效。用于高血压，头晕，目眩，耳鸣，急性咽炎等症。根性味甘，微苦，温。具有散瘀止血、消肿定痛等功效。用于胸腹刺痛、咯血、吐血、衄血、便血、崩漏、跌扑瘀血、外伤出血等症。

【其他用途】不详。

# 旋花科

# 五爪金龙花

【别名】五爪龙、五叶藤、五叶茹

【学名】*Ipomoea cairica* (L.) Sweet

【植物形态特征】旋花科，多年生缠绕草本。叶互生，掌状5深裂达基部，裂片椭圆状披针形，先端钝尖，全缘，有时最下一对裂片再分裂；叶柄略长于叶，常有小瘤体。花单生或2～3朵腋生；花萼绿色，先端钝；花冠漏斗状，淡紫色或淡紫红色，冠檐略呈5浅裂；雄蕊5。蒴果近球形，4瓣裂。种子短而圆，灰棕色，背部两侧棱角有绵毛。

【分布生境】华南、西南等地。生于杂木林、灌丛、荒地等处，常缠绕在篱笆墙、棚架、树木或假山石上。

【食用方法】无人食用。

【药用功效】夏季采集花，鲜用或晒干。花性味甘，寒。具有止咳、除蒸等功效。用于骨蒸劳热，咳嗽溢血等症。

【其他用途】不详。

# 茄科

# 洋金花

【别名】白花曼陀罗、山茄花、酒醉花

【学名】*Datura metel* L.

【植物形态特征】茄科，一年生草本。茎直立，有分枝。叶互生或茎上部成假对生。叶片卵形或宽卵形，顶端渐尖，基部为不对称的楔形，边缘具不规则的短齿，浅裂或全缘。花单生于枝杈间或叶腋；花萼筒状，先端5裂；花白色或淡白紫色；花冠长漏斗形，先端5裂，裂片顶端具小尖头。蒴果近球形，斜生或横生，疏生粗短刺。花果期6～9月。

【分布生境】原产于印度。我国各地有栽培或野生。生于山坡、荒地、沟渠地边、村庄旁等地。

【食用方法】无人食用。

【药用功效】花入药，性味辛，温，有毒。具有定喘、祛风、麻醉镇痛等功效。用于咳嗽，哮喘，风湿痹痛，脘腹冷痛，跌打损伤等症。

【其他用途】花可做麻醉剂。

曼陀罗花是佛教描绘天地界之花，为《法华经》中的四花之一。

宋朝陈与义的《曼陀罗花》诗曰："我圃殊不俗，翠蕤敷玉房。秋风不敢吹，谓是天上香。烟迷金钱梦，露醉木蕖妆。同时不同调，晓月照低昂。"陈与义在南宋是朝廷重臣，是一位杰出的爱国诗人。

# 葫芦科

# 南瓜花

【别名】倭瓜花、番瓜、北瓜、倭瓜

【学名】*Cucurbita moschata* (Duch.) Poir.

【植物形态特征】葫芦科，一年生蔓生草本。茎长粗壮，中空，具棱沟，被短硬毛，卷须分3～4叉。叶片大，心形或宽卵形，5浅裂或有5角，两面密被茸毛，叶面常有灰白色斑。花冠钟状漏斗形，黄色，先端5中裂。瓠果，有扁球形、葫芦形等多种形态。果实成熟时果皮有橙黄色、赤褐色或黑绿色等。花期5～7月，果期7～9月。

【分布生境】原产于墨西哥至中美洲。我国各地普遍栽培。一般种植在田边地头、空闲地上。

【食用方法】南瓜花和南瓜嫩茎叶都可食用，可制作出多种菜肴。

**素炒南瓜花：** 南瓜花洗净撕成条；南瓜嫩茎秧撕去外皮，洗净切成段备用。锅中放油烧热，用葱花、姜末、蒜片炝锅后，下入瓜秧、花条，加盐等调味品翻炒断生后即可出锅。

**酿南瓜花：** 猪肉剁成末，加入豆腐、鸡蛋、淀粉、调味品搅拌成馅，填入南瓜花中，上笼屉蒸熟，多余的汤汁倒入锅中，用水淀粉勾芡淋在菜肴上即可。

**南瓜花摊鸡蛋：** 南瓜花切碎，与鸡蛋液搅拌均匀，放入油锅摊至两面金黄

农贸市场出售的南瓜花

即可。

**油炸面糊南瓜花：**南瓜花去蒂去花蕊，裹上鸡蛋面糊放入油锅中炸至金黄即可。

**苦瓜拌南瓜花：**苦瓜1个切片；南瓜花10朵切成片，放入开水锅焯至断生捞出，过凉水沥干水分后放入容器中，加入苦瓜片、调味品拌均匀装盘即可。

**青椒炒南瓜花：**青椒100克洗净切丝；南瓜花10余朵去蒂去花蕊，洗净一切四瓣备用。锅中倒入油烧热，下入葱、姜、花椒、盐、青椒丝翻炒，再放入南瓜花炒至断生，加鸡精略翻炒即可。

【药用功效】花性味微涩，凉。具有清湿热、消肿等功效。用于黄疸、痢疾、咳嗽、痈疽肿毒等症。

【其他用途】不详。

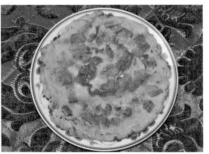

南瓜花摊鸡蛋

油炸面糊南瓜花　　　　　　　　酿南瓜花

# 丝瓜花

【别名】洗锅罗花、缣瓜、天罗瓜、水瓜

【学名】*Luffa cylindrica* (L.) Roem.Fam.

【植物形态特征】葫芦科，一年生攀援草本。卷须2～4分叉。叶片三角形、圆心形或宽卵形，掌状3～7裂，裂片呈三角形，边缘具细齿。花单性，雌雄同株。雄花呈总状花序，生总花梗顶端；雌花单生，花冠黄色，5深裂，裂片阔倒卵形；雄蕊3～5，花药多回折曲状；子房长圆柱形，柱头3，膨大。瓠果长圆柱形，下垂。花果期7～10月。

【分布生境】我国各地均有栽培。喜攀援在棚架、栅栏、围墙上。

【食用方法】**丝瓜花饮**：洗净的丝瓜花10克放入杯中，用沸水冲泡10分钟，然后拣去花不用，调入适量蜂蜜，搅拌均匀即可饮用，有清肺平喘作用。

【药用功效】花性味甘，微苦，寒。具有清热解毒等功效。用于肺热咳嗽、咽痛、烦渴、鼻窦炎、疔疮、痔疮等症。

【其他用途】老熟丝瓜晒干除去外皮，瓜瓤可洗餐具用。

# 菊科

# 菊花

【**别名**】家菊、药菊、秋菊、金蕊

【**学名**】*Chrysanthemum morifolium* Ramat.

【**植物形态特征**】菊科，多年生草本。株体密被白色短柔毛。茎直立，有分枝。叶片卵形至长圆形，羽状深裂或浅裂，裂片长圆状卵形至近圆形，边缘有缺刻和锯齿。头状花序，单生或数个集生于茎枝顶端；花的大小因栽培品种不同而差别很大；总苞3～4层，舌状花冠白色、黄色、淡红色、淡紫色、紫红色不等；管状花黄色，或因栽培品种不同而全为舌状花。瘦果，一般不发育。花期9～10月。

【**分布生境**】我国大部分地区有栽培。

【食用方法】菊花含有挥发油、菊苷、腺嘌呤、胆碱、黄酮、水苏碱、刺槐素、氨基酸、多种维生素等成分。

菊花的品种非常多，部分品种的花可以食用，如杭白菊、贡菊、胎菊、金丝皇菊、人工培育的食用菊花等。一般食用白色和黄色的菊花。

**菊花茶**：杯中放入数朵菊花，用开水冲泡饮用。有清热明目等保健作用。

**白菊花酒**：白菊花150克装入纱布袋中，与白酒1500毫升一同放入容器中，密封7天即可饮用。

**菊花煮酒**：菊花瓣10克，与适量糯米酒一同放入砂锅中煮沸，取酒汁饮用。

**菊花粥**：初开的菊花2～3朵，取其花瓣洗净；糯米100克加水1000毫升，入锅煮成粥，再放入菊花瓣和适量白糖，稍煮片刻即成。

**凉拌菊花**：菊花瓣洗净，与花生碎、芝麻、盐、香油一起拌食。

**菊花凉拌菜**：菊花瓣洗净，与胡萝卜丝、豆腐干、黄瓜丝拌食。

**菊花过桥米线**：菊花过桥米线是云南蒙自的著名菜肴，食材精细，配菜种类很多，吃前在米线中放入菊花瓣，风味独特，实为特色佳肴。

**油炸面糊菊花**：菊花数朵洗净，控干水分，用鸡蛋、面粉和淀粉加水调成面糊，把菊花裹上调好的面糊，放入油锅炸至金黄色即可食用。

**菊花肉丸子**：猪肉剁成末，菊花洗净切碎放入盆中，加入调味品和适量淀粉搅拌成肉馅备用。锅中倒入油烧热，将肉馅挤成丸子入锅炸至金黄色即可食用。

**菊花汤圆**：菊花晒干碾成末放入盆中，加入适量白色熟芝麻、白糖等拌成馅料备用。糯米面加水揉成面团，揪成剂子压扁，将馅料包于糯米剂子中揉成圆球形，放入开水锅中煮至汤圆漂浮在水面即可食用。

此外，菊花饺子、菊花馅饼、菊花酥饼、菊花年糕、菊花八宝饭、菊花鸡、菊花火锅、家常菊花鱼、菊花鱼肉丸、菊花炒鱼片、菊花烧肉丝、菊花瘦肉猪肝汤等均受食客喜爱。

【药用功效】菊花秋季采集，晒干或鲜用。花性味甘，苦，微寒。具

油炸面糊菊花

菊花茶

菊花凉拌菜

有清热、解毒、疏风、明目等功效。用于风热感冒，头痛眩晕，目赤肿痛，眼目昏花，胸闷烦热，咳嗽，疔疮肿毒等症。

【其他用途】可做鲜切花。也做祭扫用花。

历朝历代关于菊花的诗词歌赋有很多，最著名的是菊花花神晋朝文学家陶渊明所写的《饮酒（其五）》："结庐在人境，而无车马喧。问君何能尔？心远地自偏。采菊东篱下，悠然见南山。山气日夕佳，飞鸟相与还。此中有真意，欲辨已忘言。"

中国古典文学及文化中，梅、兰、竹、菊被称为"四君子"。菊花是十大名花之一，已经有3000多年的栽培历史，品种繁多，从宋朝起民间就有一年一度的菊花盛会。菊花历来被视为高风亮节、傲霜清雅的象征，代表着名士的斯文与友情的真诚。

# 野菊花

【别名】野山菊、甘菊、野菊

【学名】*Chrysanthemum indicum* L.

【植物形态特征】菊科，多年生草本。植株上部多分枝。叶互生，轮廓卵状三角形或卵状椭圆形，羽状不规则分裂，裂片边缘有锯齿，叶片两面有柔毛；叶柄下有假托叶。头状花序排成聚伞状，生枝端；总苞半球形，总苞片4层，边缘膜质；花小，鲜黄色，边缘舌状花，先端3浅裂，雌性；花盘中央为管状花，先端5裂，两性。花果期9～11月。

【分布生境】我国大部分地区。生于山坡、丘陵、沟谷、荒地等处。

【食用方法】花含挥发油、野菊花内酯、野菊花素A、刺槐苷、菊苷、木犀草素、维生素A类物质及维生素B$_1$等成分。

民间常用野菊花沏水喝，有清火、消炎、明目等保健作用。野菊花苦味较重，一般用量为数朵花放入杯中，用沸水冲泡即可饮用。

【药用功效】秋季采集花朵晒干。花性味苦、辛、寒。具有清热解毒、凉血降压、消炎等功效。用于风热感冒、头痛眩晕、目赤疼痛、肺炎、白喉、胃肠炎、高血压、口疮、湿疹、疔疮痈肿、丹毒等症。

【其他用途】不详。

# 金盏菊

【别名】金盏花、大金盏花、水涨菊、山金菊

【学名】*Calendula officinalis* L.

【植物形态特征】菊科，一年生草本。全株被柔毛。茎直立，有分枝。基生叶长圆状倒卵形或匙形，先端钝圆，基部渐狭，半抱茎，全缘。茎生叶长圆状披针形或长圆状倒卵形，先端钝或尖，基部微抱茎，全缘。头状花序，单生茎枝顶端；舌状花及管状花淡黄色至橘黄色，开花时舌片平展，先端3齿裂。瘦果条形弯曲。花果期4～8月。

【分布生境】原产于南欧。我国各地有栽培。

【食用方法】花含类胡萝卜素约3%，尚含挥发油、苹果酸、树脂、黏液质、水杨酸、生物碱等成分。

**金盏花炒肉丝**：锅内油温六成热时，放入葱、姜丝炝锅，倒入浆好的150克猪肉丝，滑散至熟后进行调味，然后撒入5朵金盏花的花瓣，略翻炒几下即可出锅。

**金盏花拌黄瓜丝**：容器内放入洗净切好的黄瓜丝、金盏花瓣，用盐、鸡精、香油等调味后装盘。

金盏花尚可沏茶、煮粥、煮汤、制作多种菜肴。欧洲人也食用金盏花，他们将初开放的花朵摘下，取其花瓣洗净，煮汤等用。

【药用功效】花性味淡，平。具有凉血、止血等功效。用于肠风便血，金盏花10朵，加适量冰糖，水煎服。

【其他用途】花可提炼精油。

金盏花炒肉丝

# 万寿菊

【别名】臭芙蓉、金菊、蜂窝菊、黄菊

【学名】*Tagetes erecta* L.

【植物形态特征】菊科，一年生草本。茎直立，有分枝。叶互生或对生，羽状全裂，裂片披针形，边缘有锯齿，齿端常有细芒，叶缘背面有油腺点。头状花序单生，花序梗顶端稍增粗；舌状花黄色，舌片倒卵形；管状花黄色，先端5齿裂。瘦果线条形，黑色。花果期6～10月。

【分布生境】原产于墨西哥。我国各地有栽培。

【食用方法】一般常见的食用方法是，洗净的花朵裹上鸡蛋面糊，放入油锅炸至金黄色出锅装盘，淋上番茄酱即可食用。

【药用功效】夏季至秋季采集花朵鲜用或晒干。花性味苦，微辛，凉。具有清热平肝、化痰止咳等功效。用于头晕目眩，风火眼痛，小儿惊风，上呼吸道感染，感冒咳嗽，百日咳，乳痈，疟腮，口腔炎等症。

【其他用途】花可提取色素和芳香剂。

# 红花

【别名】刺红花、红蓝花、草红花、红花菜

【学名】*Carthamus tinctorius* L.

【植物形态特征】菊科，一年生草本。茎直立，上部多分枝。叶互生，卵形或卵状披针形，先端尖，基部抱茎，边缘具刺齿。花生于枝端；总苞片多层，外层呈叶状披针形，边缘有针状刺；花红色或橘红色，全为管状花。瘦果椭圆形或倒卵形，灰白色，具4肋。花果期6～9月。

【分布生境】原产于中亚地区。我国各地有栽培。

【食用方法】红花酒：红花200克包纱布袋内装入酒坛中，倒入1000毫升白酒，加适量红糖，密封7天后即可饮用。每日1～2次，每次服用20～30毫升。孕妇忌服。

红花山楂酒：酒坛中放入红花60克、山楂120克、白酒1000毫升，密封7天后即可饮用。每日2次，每次服用15～30毫升。饮用红花酒有养血、活血通经、散瘀止痛等作用。孕妇忌服。

【药用功效】夏季当花由黄变红时采集晒干。花性味辛，温。具有活血通经、散瘀止痛等功效。用于闭经、痛经、产后恶露不行、瘀血疼痛、痈肿、跌扑损伤等症。孕妇忌服。

【其他用途】花可提取红色素。种子可榨油。

# 雪莲花

【别名】新疆雪莲花、大苞雪莲花、雪荷花、大木花

【学名】*Saussurea involucrata* Kar.et Kir.

【植物形态特征】菊科，多年生草本。叶密生，叶片倒披针形，基部无叶柄抱茎，叶缘有锯齿。头状花序生茎顶，密集；总苞片叶状，卵形，多层，近似膜质，白色或淡绿黄色；花棕紫色，全部为管状花。瘦果，冠毛白色，刺毛状。花期6～7月。

【分布生境】新疆、青海、云南等地。生于高山石砾地和沙质地。

【食用方法】**雪莲花酒：**酒坛中装入雪莲花120克、白酒1000毫升，密封7天后摇均匀即可饮用。每日2次，每次10～15毫升。孕妇忌服。

**雪莲虫草酒：**酒坛中装入雪莲花100克、冬虫夏草50克、白酒1000毫升，密封15天即可饮用。每日2次，每次15毫升。饮用雪莲花酒有补虚助阳等保健作用。孕妇忌服。

【药用功效】夏季采集带花的全株，除去泥土晾干。株体性味甘，微苦，温。具有除寒、壮阳、调经、止血等功效。用于阳痿、腰膝酸软、风湿性关节炎、月经不调、崩漏、带下、外伤出血等症。孕妇忌服。

同科的绵头雪莲、水母雪莲、西藏雪莲、毛头雪莲同等入药。

【其他用途】不详。

# 菜蓟

【别名】法国白合、洋百合、洋蓟、朝鲜蓟

【学名】*Cynara scolymus* L.

【植物形态特征】菊科，多年生草本。株高可达150厘米。茎粗壮，有灰白色蛛丝状茸毛。基部叶呈莲座状，披针形，较肥厚，全缘；约6片叶后羽状深裂，约9片叶后羽状深裂并具粗锯齿；无叶柄。头状花序单生茎顶；总苞卵形或近球形，绿色；总苞片革质光滑，稍肉质；花全部为管状花，紫红色。瘦果椭圆形，褐色，冠毛刚毛状。

【分布生境】原产于地中海沿岸。我国19世纪从法国引进。上海、北京、云南等地有栽培。

【食用方法】供食用的部分为花蕾的总苞片和花托部分。当花苞已充分长大而花瓣尚未展开时采集最佳。做鲜食上市的花苞以200～250克为宜。菜蓟在法国等地为昂贵蔬菜。

**菜蓟凉拌菜**：将花蕾放入开水锅中煮约30分钟捞出，过凉水后，将总苞和花托切成薄片，放入盆内撒少许盐腌渍片刻，稍挤水分后，加盐、鸡精、香油等调味品拌均匀装盘即可食用。

**油炸面糊菜蓟**：用上述方法处理过的食材，裹上鸡蛋面糊，放入油锅炸至表面金黄捞出装盘，蘸花椒盐食用。

**炒食**：用上述方法处理过的食材，可与虾仁或肉片炒食。

菜蓟的苞片可用蜂蜜或白糖腌渍制成蜜饯食用。花苞和花托还可以制作罐头。

【药用功效】叶片含菜蓟素，有治疗慢性肝炎和降低胆固醇的作用。医药上已利用茎叶制成助消化的片剂和开胃酒。

【其他用途】植株可做饲料。

# 旋覆花

【别名】六月菊、夏菊、金福花

【学名】*Inula japonica* Thunb.

【植物形态特征】菊科，多年生草本。茎直立，有分枝，被糙毛。叶互生，长椭圆形或披针形，先端渐尖，基部渐狭半抱茎，叶两面被疏毛，叶缘有疏齿或全缘。头状花序顶生，排成伞房状。总苞半球形。总苞片条状披针形。花黄色，直径3～4厘米。冠毛白色。花果期6～10月。

同属的欧亚旋覆花 *Inula britannia* L.同等入药。

【分布生境】我国大部分地区有分部。生于山坡、荒地、沟边等地。

【食用方法】无人食用。

【药用功效】夏季至秋季花开时采集花序，晒干或阴干。性味苦，辛，咸，微温。具有降气、行水、化痰、止呕等功效。用于咳喘痰多，风寒咳嗽，胸膈痞满，噫气呕吐等症。

【其他用途】茎叶可做牲畜饲草。

# 百合科

# 韭菜花

【别名】扁菜、起阳草、懒人菜、长生韭

【学名】*Allium tuberosum* Rottler

【植物形态特征】百合科，多年生草本。鳞茎簇生，近圆柱形。叶片扁平条形，实心，全缘。花葶圆柱状，常具2纵棱。总苞2裂，宿存。伞形花序，半球形或球形；花柄基部有小苞片；花白色，花被片6，狭卵形至长圆状披针形；雄蕊6，花丝基部合生并与花被贴生；子房倒圆锥状球形，具3棱。蒴果，具倒心形的果瓣。花果期7～10月。

【分布生境】我国各地均有栽培。

【食用方法】**韭菜花酱**：容器洗干净控干水分，放入10千克洗净磨碎或剁碎的韭菜花，加入800克食盐、600克酱油，充分搅拌均匀后，装入坛子密封10天即可食用。韭菜花酱是吃涮羊肉等必备的佐料，可除羊肉等的膻味。

同科的野韭菜、山韭菜、蒙古韭菜的花也可食用。

【药用功效】全草、种子入药。全草性味辛，温。具有温中、行气、散血、解毒等功效。用于胸痹、噎膈、阳痿、吐血、痢疾、消渴、痔疮、脱肛等症。种子性味辛、咸、温。具有补肝肾、暖腰膝、壮阳固精等功效。用于腰膝酸软冷痛、阳痿、梦遗、遗尿、小便频数等症。

【其他用途】可做盆栽观赏。

# 黄花菜

【别名】金针菜、黄金萱、忘忧草

【学名】*Hemerocallis citrina* Baroni

【植物形态特征】百合科，多年生草本。具短的根状茎和稍肉质肥大的纺锤状根。叶基生，排成2列，叶片条形。花葶长短不一，基部三棱形，上部近圆柱形，常分枝。苞片披针形或狭三角形；花数朵顶生，花黄色，花被管长，花被裂片6。蒴果钝三棱状椭圆形。种子多数，黑色，具棱。花果期5～9月。

【分布生境】华北、华东、华中、华南、西南等地。生于山坡草地、林缘、草甸、山涧路边等。

【食用方法】鲜花含有秋水仙碱毒素，必须彻底加工热处理后食用。同科的北黄花菜、小黄花菜均可食用。

凉拌黄花菜：鲜黄花入开水锅中煮或蒸熟，用凉水漂洗后捞出，挤干水分切成段装盘，用盐、鸡精、辣椒油等调味品拌均匀即可食用。

黄花木须肉：水发黄花100克，从中间切成2段；水发木耳50克洗净掰开；猪肉150克切成5厘米的丝浆好；鸡蛋2个磕入碗中打散备用。锅内油烧热，倒入鸡蛋液炒熟炒散时铲出。锅内倒油烧至五成热时，下入肉丝滑散滑熟，放入葱、姜丝、炒好的

凉拌黄花菜

鸡蛋、黄花、木耳、盐、鸡精、料酒、酱油炒均匀，出锅前烹入少许醋略翻炒即可出锅。

**黄花菜酸辣汤：**水发黄花100克切段；豆腐150克切粗丝；水发木耳50克切丝；鸡蛋1个磕入碗中打散备用。锅中加水烧开，放入黄花、木耳、豆腐煮开，用水淀粉勾芡，撇去浮沫后，加盐、胡椒粉，淋入鸡蛋液，加醋，滴入香油即可盛入汤盆中。

黄花菜还可做黄花菜粥、黄花鸡蛋打卤面、黄花肉饼、黄花黄豆炖猪蹄、黄花炒鸡蛋、竹荪炖黄花菜等菜肴。

**【药用功效】**夏季采集未开苞的花，蒸后晒干。花性味甘，凉。具有利尿消肿、养血平肝、清热止血等功效。用于虚热烦渴、心悸失眠、神经衰弱、智力减退、小便赤涩、痔疮便血等症。

**【其他用途】**可做公园、庭院观赏花。

黄花木须肉

黄花菜酸辣汤

黄花菜炖排骨

黄花木耳蒸鸡

# 百合花

【别名】白百合、蒜脑薯、强仇、中逢花

【学名】*Lilium brownii* var. *viridulum* Baker

【植物形态特征】百合科，多年生草本。地下鳞茎白色，由许多肉质鳞片抱合成球形。叶互生，叶片长椭圆状披针形至条状披针形，全缘，无叶柄。花大，常1～3朵生茎顶；花被片6，乳白色，外面稍带紫色；有些品种尚有白绿色、橘黄色等。雄蕊向上弯曲；子房圆柱形，柱头3裂。蒴果长圆形，具棱。花期6～8月，果期8～9月。

【分布生境】华西南部、华东南部、华中、华西、华东、华北。生于草丛、沟谷、山坡、疏林、村寨旁等地。我国各地广为栽培。

【食用方法】花含蛋白质、脂肪、淀粉、多种维生素、多种矿物质等成分。百合花是著名的药食两用保健食材。同科的野百合花、有斑百合花等也可食用。

**百合花粥**：锅中加入1000毫升水，放入100克淘洗干净的大米煮成粥后，

加入30克切好的鲜百合花丝略煮片刻，调入白糖即可食用。

**百合花煎鸡蛋：**鲜百合花100克用开水焯后，放入凉水中浸泡8小时，然后挤干水分切碎；洋葱50克切碎备用。鸡蛋3个，加盐、胡椒粉、百合花、洋葱搅拌均匀，锅内注入花生油烧热，倒入鸡蛋液煎至两面金黄即可。

**百合花鸡蓉：**鲜百合花数朵用开水焯后，放入凉水中浸泡8小时，捞出控干水分铺平，撒上干淀粉备用。鸡胸脯肉剁成碎末，加盐、蛋清、水淀粉搅拌均匀，将百合花瓣内面抹上一层鸡碎末，放入微沸的开水中氽熟捞出。锅内放少许油烧热，葱、姜末爆香，加入适量高汤及调味品烧开，然后放入氽熟的百合花蓉，用水淀粉勾芡即成。

**百合花豆腐：**鲜百合花100克用开水焯后，放入凉水中浸泡8小时，然后挤干水分切成小段；豆腐250克切小块；青椒1个切块；番茄切块备用。锅中放少许油烧热，葱、姜、蒜末爆香，放入百合花、青椒略炒后，倒入高汤、豆腐、番茄，用盐等调味，烧至汤浓入味即可。

【**药用功效**】花性味甘，微苦，微寒。具有润肺、清火、安神等功效。用于咳嗽、眩晕、夜寐不安、天泡湿疮等症。百合鳞茎性味甘，微苦，平。具有润肺止咳、清心安神等功效。用于肺痨久咳、痰中带血、虚烦惊悸、神志恍惚、失眠多梦等症。

【**其他用途**】可做鲜切花。

百合花鸡蓉

百合花豆腐

# 玉簪花

【别名】白玉簪花、白鹤花、白鹤仙、金销草

【学名】*Hosta plantaginea* (Lam.) Aschers.

【植物形态特征】百合科，多年生草本。根状茎粗壮。基生叶片大，无毛，卵状心形、卵形或卵圆形，先端近渐尖，基部心形，叶缘波状，叶脉6～10对，弧形；叶柄较长。花莛高40～80厘米，总状花序顶生；外苞片卵形或披针形，内苞片很小；花冠漏斗状，白色，上部裂片6，开展，具芳香味；雄蕊与花被等长或稍外伸。蒴果圆柱形，两端尖。种子黑色，边缘有翅。花期6～8月，果期8～10月。

【分布生境】我国各地有栽培。喜在阴湿地、林荫下生长。

【食用方法】食用玉簪花，虽然古代典籍有记载，但不宜多食。

玉簪花汤：青菜250克洗净切开；鸡蛋1个磕入碗中打散；玉簪花2朵洗净撕成条，开水焯后备用。锅内放入少许油烧热，倒入鸡蛋液摊成鸡蛋皮，铲出切成丝。另起锅倒入少许油烧热，葱花、姜末炝锅，注入700毫升清水，倒入青菜煮断生时，放入鸡蛋丝、盐、鸡精、胡椒粉等调味，然后放入玉簪花丝，略煮片刻即可。

油炸面糊玉簪花：玉簪花洗净，放入开水锅中焯水后捞出，用凉水漂洗后控干水分，裹上鸡蛋面糊，放入油锅中炸至金黄色即可食用。

玉簪花炒肉丝：玉簪花撕成条放入开水锅中焯一下水捞出，用凉水漂洗后控干水分，与肉丝炒食。

**玉簪木耳蛋皮汤**：水发木耳50克掰开；碗中磕入1个鸡蛋打散，倒入油锅内摊成鸡蛋皮，铲出切成丝；玉簪花2朵撕成条，放入开水锅中焯一下水捞出，用清水冲洗后沥干水分备用。锅内油烧热，用葱花、姜末炝锅，注入适量清水烧开，倒入木耳、鸡蛋丝、盐、鸡精、胡椒粉等调味，最后放入玉簪花丝，略煮片刻即可。

【药用功效】花在含苞待放时采集，阴干或烘干。花性味甘，凉，有毒。具有清咽、利尿等功效。用于咽喉肿痛、小便不畅、疮毒等症。

【其他用途】可做林下观赏植株。

玉簪花炒肉丝

玉簪花木耳蛋皮汤

# 紫玉簪花

【别名】紫萼、紫鹤、红玉簪

【学名】*Hosta albomarginata* (Hook.) Ohwi

【植物形态特征】百合科，多年生草本。叶片卵状心形至卵圆形，先端急尖，基部心形或近截形，叶脉7～11对，全缘或稍作波状；叶柄长约25厘米。花葶高可达70厘米，总状花序顶生；苞片长圆状披针形，白色，膜质。花冠钟状，紫色，花先端裂片6；雄蕊6，花丝较花被稍长，花药红紫色。蒴果圆柱形，两端尖。种子黑色，有光泽。花期6～9月，果期7～9月。

【分布生境】我国各地有栽培。喜生山坡阴湿地、林荫下。

【食用方法】无人食用。

【药用功效】花性味甘，微苦，平。具有调气、和血、补虚等功效。用于咽喉肿痛、遗精、吐血、气肿、白带异常等症。

【其他用途】可做林下观赏植株。

# 晚香玉花

【别名】月下香花、夜来香

【学名】*Polianthes tuberosa* L.

【植物形态特征】石蒜科，多年生草本。地下块茎粗大肥厚。基生叶条形，长可达60厘米，宽约1厘米；茎生叶小。花莛高可达100厘米。花成对着生在花莛的叶腋处，排成较长的穗状花序；花白色，喇叭状，具芳香气味。花被筒细长，长2.5～4厘米，近基部弯曲；花冠6中裂，裂片短于花被筒；雄蕊6，着生在花被筒内的中部；子房3室，花柱细长，柱头3裂。蒴果，卵形。南方花期可全年。

【分布生境】原产于墨西哥及南美洲。我国庭院也常见栽培。

【食用方法】晚香玉炒豆腐干：豆腐干200克切成丝；青椒1个切成丝；晚香玉花数朵倒入开水锅中略焯水后备用。锅内加油烧热，用葱花爆香，倒入豆腐干丝、青椒丝炒熟，加盐、鸡精、糖、花瓣炒均匀即可。

晚香玉摊鸡蛋：碗中磕入3个鸡蛋，放少许盐打散，晚香玉花数朵洗净切碎，放入蛋液中搅拌均匀备用。锅内放油烧热，倒入鸡蛋液煎至两面金黄即可装盘。

**油炸晚香玉**：晚香玉花洗净，裹上鸡蛋面糊，放入油锅中炸至金黄即可。

**晚香玉鸡蛋汤**：锅中加水烧开，用淀粉勾芡后，淋入鸡蛋液，再放入适量晚香玉花瓣，用盐、鸡精调味即可。

晚香玉花还可做晚香玉花烩肚丝、晚香玉花闷鸭肝、晚香玉花拌沙拉等菜肴。

【药用功效】不详。

【其他用途】可做鲜切花。国外常做佩戴在脖颈上的花环，洁白幽香。

# 香蒲科

# 香蒲花粉

【**别名**】蒲黄、水烛、狭叶香蒲

【**学名**】*Typha angustifolia* L.

【**植物形态特征**】香蒲科，多年生沼生草本。叶片长条形，下部鞘状抱茎。肉穗花序圆柱形，长30～60厘米，雄花序和雌花序之间有2～3厘米的间隔距离；雄花序在上部，长20～30厘米，雌花序在下部，长10～28厘米；花粉鲜黄色。坚果细小，无纵沟。花期6～7月，果期7～8月。

【**分布生境**】我国大部分地区。生于池塘、沼泽地、河岸边浅

水中。

【食用方法】取花粉1茶匙倒入杯中，放适量白糖，用开水冲泡，搅拌均匀后饮用。花粉还可做花粉糖以及糕点的外裹粉料。

【药用功效】花粉性味甘，辛，凉。具有凉血止血、活血祛瘀等功效。用于闭经腹痛、产后瘀阻疼痛、跌扑瘀血、疮疖肿毒等症。孕妇慎用。同科的宽叶香蒲、东方香蒲、小香蒲等的花粉同等入药。

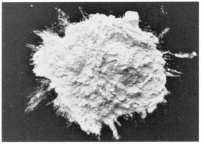

【其他用途】花序茸毛可做包装物或枕头内的填充料。嫩茎根可做野菜食用。蒲草可做编制材料。

# 鸢尾科

# 番红花

【别名】西红花、藏红花、泊夫兰、撒馥兰

【学名】*Crocus sativus* L.

【植物形态特征】鸢尾科，多年生草本。鳞茎球形。叶从鳞茎伸出，狭条形，边缘略反卷。花淡紫色或紫色，花被片6，花筒细管状；雄蕊3，黄色；花柱细长，黄色，顶端3深裂，伸出花被外，下垂，深红色，柱头顶端略膨大。蒴果矩圆形，具3钝棱。种子圆球形。花期10～11月。

【分布生境】番红花分布于南欧各国及伊朗等地，明朝时传入我国。

【食用方法】番红花主要食药用花的花柱、柱头，用于制作世界公认的昂贵香料和天然色素，被各国厨师用来调制各种美食，以增加食品香味和丰富食品色彩。如西班牙海鲜什锦饭色泽橙黄，香气浓郁。意大利用番红花、奶油、大米蒸饭，色泽迷人，香甜可口。日本的咖喱饭中也含有番红花色素。印度人在各种菜肴中喜欢放番红花。法国人煮汤及在各种菜肴中也

喜欢放番红花，不但可以去腥，而且可使食物色彩鲜艳，提高菜肴的颜值。

【药用功效】选择晴天早晨采集花朵，摘下柱头烘干备用。番红花性味甘，平。具有活血化瘀、解郁安神等功效。用于忧思郁结、胸膈痞闷、惊悸发狂、妇女闭经、产后瘀血腹痛、跌扑肿痛等症。孕妇慎用。

【其他用途】花可提取香料和色素。

番红花米饭

# 芭蕉科

# 芭蕉花

【别名】芭且、扇仙、大叶芭蕉

【学名】*Musa basjoo* Sieb.et Zucc.

【植物形态特征】芭蕉科，多年生草本。假茎高可达400厘米。叶片矩圆形，先端钝，基部圆形或不对称，中脉明显粗壮，侧脉平行；叶柄粗壮。穗状花序顶生，下垂；苞片红褐色或紫红色，每个苞片内有多数小花；浆果肉质，三棱状长圆形或有时具5棱。各地花果期不一。

【分布生境】华中、华东、华南、华西南部等地。多栽培在山坡、庭院、村寨旁、公园等地。

【食用方法】我国云南、广西，越南等地的人常用芭蕉花做菜肴。同科的香蕉花也同样食用。

**芭蕉花炒肉：**芭蕉花苞采回后，层层剥去苞片，取里面幼嫩的花，用开水焯后捞出，凉水冲洗后，可与鲜肉或腊肉炒食。

**芭蕉苞炒肉：**芭蕉花苞采回后，剥去外面几层老苞片，将嫩苞切成丝放入盆中，加盐反复揉搓后，用清水冲洗掉黑汤，挤干水分后，可与鲜肉或腊肉炒食。

**芭蕉花粥：**先将花焯水处理后备用。将煮好的粥，放入切好的花丝略煮即可食用。

**芭蕉花煎蛋：**芭蕉花放入开水中焯后，用凉水冲洗，切碎放入碗中，鸡蛋2个磕入碗中，加盐打散搅拌均匀，用油锅煎至两面金黄色即可。

**油炸芭蕉花：**芭蕉花焯水后，裹上鸡蛋面糊炸至金黄色即可。

**包烧芭蕉花：**芭蕉花焯水后，放入锡纸中，撒上盐、辣椒面等调味品拌均匀后，在表面放一些腊肉片包好锡纸，放入烤箱中烤熟即可。

**芭蕉花烧猪肺：**芭蕉花60克洗净；猪肺150克洗净切成小块，倒入开水锅中焯水后，用清水冲洗干净备用。砂锅内放适量水，将芭蕉花和猪肺倒入锅中，加姜片、葱段、料酒、盐等一起炖熟即可。

【药用功效】花性味甘，淡，微辛，凉。具有化痰、软坚、平肝、通经等功效。用于胸膈饱胀、脘腹痞痛、吞酸反胃、呕吐、头昏目眩、女人行经不畅等症。

【其他用途】可做园林绿化植物。茎髓可食用。

# 地涌金莲

【别名】千瓣莲花、地金莲、地母金莲

【学名】*Musella lasiocarpa* (Franch.) C.

【植物形态特征】芭蕉科，多年生草本。假茎粗壮，高一般不超过1米，外面复叠叶鞘。叶片长椭圆形，顶端锐尖，基部近圆形，有白粉，全缘。花序直立，密集，生在假茎顶端；苞片干膜质，黄色，有花二列，每列4～5花，花略有清香味。果为三棱状卵球形，长约3厘米，宽约2.5厘米，外面被硬毛。种子扁球形，深褐色。花果期全年。

【分布生境】云南、贵州、四川等地。生于海拔1500～2500米的

❋ 100种食用及药用花彩色图鉴

山坡。地涌金莲是我国特产花卉，西双版纳等地有人工栽培。

【食用方法】一般的吃法是，层层剥开地涌金莲花的苞片，取里面的花，用开水焯后，可炒食或煮粥等。地涌金莲的假茎中富含淀粉，茎髓部分可做蔬菜食用。榨取茎中的汁液喝可解酒。

【药用功效】夏季采花晒干。《滇南本草》载其性寒，味苦涩。治妇人白带红崩日久，大肠下血。又血症日久欲脱，用之亦可固脱。

【其他用途】可做园林植物。

# 天南星科

# 芋头花

【别名】芋苗花、芋芛花、芋魁花

【学名】*Colocasia esculenta* (L.) Schott

【植物形态特征】天南星科，多年生草本。地下块茎卵形或椭圆形，褐色，具纤毛。基生叶常数片簇生，叶片大，阔卵形，盾状着生；叶柄肉质，长而粗肥，绿色或淡绿紫色，基部呈鞘状。花莛自叶鞘基部抽出，顶端生佛焰苞，长约20厘米；佛焰苞内着生1个肉穗花序，长约10厘米，短于佛焰苞；肉穗花序的上半部为黄色雄花，中部为中性花，下部为绿色的雌花。云南花期2～4月。

【分布生境】我国南方广为栽培。常见于菜田、沟边、田边地头。

云南菜市场出售的芋头花

【食用方法】云南人常用芋头花做菜肴，而且在农贸市场有带花莛的芋头花出售。芋头和芋头花有毒不可生食，必须充分加热处理后食用。最常见的食用方法是煮汤。花及花莛清水洗净后，切成小段，放入开水锅中煮熟，加盐、鸡精等调味品即可。花及花莛洗净后，切成小段，放入开水锅中焯后，可与鲜肉或腊肉炒食。云南、四川等地也用芋头的叶柄腌酸菜食用。

【药用功效】花性味麻，平，有毒。用于治胃痛，吐血，子宫脱落，脱肛，痔疮等症。芋头叶入药，有止泻、敛汗、消肿毒等功效。

【其他用途】不详。

# 姜科

# 姜花

【别名】蝴蝶姜、姜兰花、香雪花、穗花山柰

【学名】*Hedychium coronarium* Koen.

【植物形态特征】姜科，多年生草本。地下根茎肉质肥厚。株高可达100～200厘米。叶片长圆状披针形或披针形，长20～40厘米，宽4.5～8厘米，叶片背面被短柔毛，无叶柄，叶舌长2～3厘米。穗状花序顶生，椭圆形，长10～20厘米；苞片卵圆形，覆瓦状排列，每一苞片内有2～3朵花，具芳香味；花萼管长约4厘米；花冠白色或白色略带黄色，花冠管长约8厘米，裂片披针形，长约5厘米，后方的1枚兜状，顶端具尖头；唇瓣倒心形，顶端2裂；花丝长约3厘米。花期8～12月。

【分布生境】我国南部至西南部。常见庭院、村寨、公园等处有栽培。而生姜我国大部分地区均有种植，主要用于做调味品。

【食用方法】我国西南等地，民间有食用姜花的习俗。

**姜花饮**：杯中放入适量姜花和红糖，用开水冲泡20分钟即可饮。

**姜花炒肉丝**：姜花100克洗净，猪肉200克切成丝备用。锅内放油烧热，用葱花炝锅，放入肉丝煸炒，加盐、鸡精等调味，再放入姜花略翻炒即可出锅。

【药用功效】根茎入药，具有解表、散风寒等功效。

【其他用途】花可提制姜花浸膏。也可做鲜切花。

# 美人蕉花

【别名】观音姜、小芭蕉头、水蕉、蓝蕉

【学名】*Canna indica* L.

【植物形态特征】美人蕉科，多年生草本。株体被蜡质白粉。叶大，卵状长椭圆形，中脉明显，侧脉羽状平行；叶柄成鞘。总状花序，花单生或成对，每朵花具1枚绿色苞片；萼片3，披针形；花冠通常为红色，花冠裂片披针形；外轮退化雄蕊2～3枚，鲜红色；花柱扁平，一半和发育雄蕊的花丝联合。蒴果长卵形，绿色，具软刺。花果期8～10月。

【分布生境】原产于印度。我国大部分地区有栽培。

【食用方法】**美人蕉花炒肉丝**：美人蕉花瓣20片洗净切丝；香菇8个洗净切丝；猪肉200克洗净切成丝备用。锅内放油烧热，用葱花、姜末炝锅，倒入肉丝、香菇丝爆炒，加盐、鸡精、醋、美人蕉花丝炒均匀，淋入水淀粉勾芡，略翻炒即可。

【药用功效】花药用。为止血药，治金疮及其他外伤出血。内服：煎汤，9～15克。

【其他用途】可做观赏花卉。

# 兰科

# 春兰花

【别名】兰花、兰草、山兰

【学名】*Cymbidium goeringii* (Rchb.f.) Rchb.F.

【植物形态特征】兰科，多年生常绿草本。叶片狭带形，长
20～40厘米，宽0.6～1.0厘米。花葶直立，远比叶短。苞片长而宽；
每根花葶上有花1朵，稀为2朵，浅黄绿色，具芳香味；萼片长圆形，
顶端急尖，中脉基部具紫褐色条纹；花瓣卵状披针形，比萼片稍短；
唇瓣具不明显的3裂，比花瓣短，淡黄色带紫褐色斑点，顶端反卷。
花期春季。

【分布生境】华西南部、华南、华中、华东等地。生于山坡、草地、
林缘或林中。我国各地有栽培。野生兰花为国家保护植物不得采挖。

【食用方法】**兰花饮**：兰花数朵放杯中，用沸水冲泡饮用，清香
宜人。

**兰花皮蛋粥**：大米
100克洗净入锅，加水
煮至粥熟时，放入2个
切好的皮蛋碎、10朵洗
净的兰花瓣，加盐调味，
略煮即可。

**兰花肚丝**：煮熟的
猪肚500克切成丝放入
容器中，加入热辣椒油、
数朵兰花瓣、盐、鸡精、

生抽、醋等拌均匀装盘即可食用。

　　**兰花炖鸡翅：**鸡翅500克洗净焯水后，放入锅中加水、调味品炖至熟烂时，放入数朵洗净的兰花略炖片刻即可。

　　**兰花火锅：**鱼丸、玉兰片、鱿鱼等各种食材入锅煮沸撇去浮沫后，放入适量豌豆苗、数朵兰花略煮即可食用，肉嫩、汤鲜、味美。

　　兰花还可做兰花炸鸡、兰花牛鞭、兰花鹅肝羹、兰花蘑菇、兰花芙蓉鸡羹、兰花扒兔、软煎兰花山鸡片等。

　　**【药用功效】**花性味辛，平。具有理气、宽中、明目等功效，用于咳嗽、胸闷、腹泻、青盲内障等症。

　　**【其他用途】**可做盆栽观赏花。

　　兰花又称国兰，品种繁多。在我国至少已有2000多年的栽培历史。明清时期，兰事活动就开始在苏浙盛行。历朝历代诗人、画家均喜以兰花为题材吟诗作画。兰花是我国传统的名贵花卉，与梅、竹、菊并称为"四君子"。兰花以素雅淡泊、含芳吐秀、清香飘溢的特点为世人所爱，是国人追求高洁、高尚、高雅的人格品性象征。

　　开国元帅朱德一生喜爱兰花，留有30多首吟兰诗词。

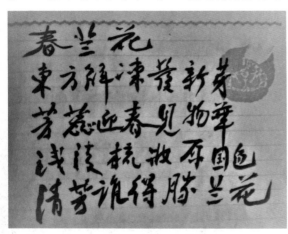

1964年朱德元帅写的《春兰花》手迹

# 禾本科

# 玉米须

【别名】玉麦须、玉蜀黍蕊、棒子毛

【学名】*Zea mays* L.

【植物形态特征】禾本科，一年生草本。秆粗壮具多节，高可达300厘米。叶片扁平长条形，叶缘呈波状皱褶，中脉粗壮凹陷。雄性圆锥花序生茎顶，分枝为穗形总状；雌花序生叶腋处，肉穗状；雌蕊具一细长的丝状花柱，遍生微小的短毛，各雌花的花柱聚合成簇，伸出苞叶之外而下垂。颖果坚硬，长扁圆形或近扁圆形，金黄色或白色等。

【分布生境】我国各地广为种植。

【食用方法】**玉米须桑菊饮**：玉米须30克、菊花10克、桑叶10克，用开水冲泡30分钟即可饮用，有清火利尿作用。

**玉米须粥**：锅内加水1000毫升，放入30克玉米须煮15分钟后，滤渣取其汁水备用。锅内倒入过滤后的玉米汁水，加入100克大米，用大火烧开转小火煮成粥即可。

【药用功效】玉米须入药，性味甘，平。具有利水消肿、利湿退黄、利胆等功效。用于肾炎水肿、黄疸型肝炎、胆囊炎、胆结石、高血压、消渴、小便不利等症。

【其他用途】玉米秸秆做牲畜饲料。果穗轴可造酒或做饲料。玉米可酿酒。玉米胚芽可榨食用油。

# 凤眼莲

【别名】水葫芦、水浮莲、凤眼蓝

【学名】*Eichhornia crassipes* (Mart.) Solme

【植物形态特征】雨久花科，多年生浮水草本。叶片宽卵形或圆形，革质，光滑，全缘；叶柄中部以下膨大成气囊状。花葶中部有鞘状苞片。穗状花序生花葶顶端，通常有花6～12朵；花蓝紫色，管弯曲；花被片6，上面1片较大，蓝色中间有黄色斑点。蒴果，包藏于凋萎的花被管内。种子多数，有棱。花果期8～10月。

【分布生境】原产于巴西。我国各地有栽培。生于池塘、沟渠、江河、湖泊中。北方露地不能越冬。

【食用方法】凤眼莲的花和嫩茎叶均可食用。

**素炒凤眼莲花：**花朵择洗干净，花葶切成小段，放入开水锅中焯后备用。锅内放入适量猪油烧热，用葱、姜末炝锅后，倒入洗好的食材，加盐、鸡精等进行翻炒后即成。

**凤眼莲烧豆腐：**豆腐200克切成小块，焯水后备用。嫩凤眼莲洗净切段，焯水后备用。锅内放入适量猪油烧热，用葱花、姜末炝锅后，倒入高汤，放入食材煮熟，加盐、鸡精等调味即成。

越南人用清洗干净的带花葶的凤眼莲花，蘸炖鱼的汤汁食用。

【药用功效】全草入药，性味苦，凉。具有清热解毒、祛风除湿等功效，用于烦热、风热等症。外敷用于热疮等症。

【其他用途】可做水域观赏植物。

# 雨久花

【**别名**】雨韭、青慈姑花、蓝鸟花

【**学名**】 *Monochoria korsakowii* Regel et Maack

【**植物形态特征**】雨久花科，一年生水生草本。叶片宽卵形或卵状心形，先端尖，基部心形，全缘；叶柄基部扩大成鞘状。总状花序生于花莛顶端，花多数；花被片6，蓝紫色或稍带白色，近椭圆形；雄蕊6，其中1枚较长，为浅蓝色，其他为黄色。蒴果卵状长圆形，外被宿存的花被。种子长圆形，具纵棱。花果期7～10月。

【**分布生境**】华中、华东、华北、东北等地。生于池塘、沼泽地、水沟边、水田中。

【**食用方法**】花和嫩茎叶均可食用。

**素炒雨久花**：雨久花择洗干净，花莛切成小段，放入开水锅中焯后备用。锅内放入适量猪油烧热，用葱、姜末炝锅后，倒入洗好的食材，加盐、鸡精等进行翻炒至熟即可。

**雨久花烧猪胰**：雨久花300克切成段，焯水后备用；猪胰150克洗净切块，放入碗内加调料抓均匀稍腌渍备用。锅内放入适量猪油烧热，用葱花、姜末炝锅，倒入猪胰煸炒，加少量水烧至熟透，加盐、鸡精等调味炒均匀即可出锅食用。

【**药用功效**】全草入药，性味微苦，凉。具有清热解毒、定喘、消肿等功效，用于发热、咳嗽、喘息、小儿丹毒等症。

【**其他用途**】可做牲畜饲料。

# 紫藤花

【别名】藤花菜、招豆藤、紫金藤、紫藤豆

【学名】*Wisteria sinensis* Sweet

【植物形态特征】豆科，多年生落叶木质藤本。茎粗壮，多分枝，喜攀援。叶互生，奇数羽状复叶，小叶 7 ～ 13 枚，卵状长圆形或卵状披针形。总状花序侧生而下垂；花萼钟状，5 齿裂，有柔毛；花冠紫色或深紫色。荚果扁长条形，密被灰褐色短毛。花果期 4 ～ 10 月。

【分布生境】辽宁、华北、华东、华中南部、陕西、甘肃、四川等地。栽培或野生，常见于庭院或公园。

【食用方法】紫藤花的食用，早在明代就有记载。

**紫藤花糕**：花洗净沥干水分，蘸上糖水后均匀拌上干面粉，上笼屉蒸熟即可。

**油炸面糊紫藤花**：花序清水洗净，裹上鸡蛋面糊，放入油锅炸至金黄色即可食用。

**紫藤花蒸腊肉**：干紫藤花用温水浸泡发开，沥干水分装入盘中，用盐、鸡精等调味拌均匀，腊肉切成薄片铺在花上面，放入锅内蒸熟即可食用。

**紫藤花粥**：锅中倒入 1000 毫升水，放入 100 克大米、100 克切碎的荸荠、

30克紫藤花一起煮成粥，调入适量白糖或蜂蜜即可食用。

　　**紫藤花馅包子：** 紫藤花洗净，倒入开水锅中焯后捞出，挤干水分剁碎备用。盆中放入肉馅、紫藤花，加盐、鸡精、生抽等调味品搅拌均匀，取调好的馅包入发面皮中，上锅蒸熟即可。

　　鲜花用糖或蜂蜜浸渍后，可做糕点的馅料。过去北京有一种著名糕点叫藤萝饼，就是用糖浸渍紫藤花为馅料而制成的糕点。

　　【药用功效】花的药用不详。

　　【其他用途】花可提取芳香油。可做棚架或假山的绿化植物。

　　唐代大诗人李白诗曰："紫藤挂云木，花蔓宜阳春。密叶隐歌鸟，香风留美人。"这首诗生动地描绘了紫藤花给人间带来了美丽的景色和宜人的香气。

　　紫藤花开了，似紫色的烟波随风摇摆荡漾，似画非画，似梦非梦，浓浓的绿淡淡的紫，串串花朵的清香在空气中缭绕弥漫，让爱花之人心甘情愿地沉醉于其美丽的仙境之中。

# 葛藤花

【别名】野葛花、葛花、葛条花、黄葛藤

【学名】*Pueraria montana* (Lourezro) Merrill

【植物形态特征】豆科，多年生落叶藤本。全株被黄褐色粗毛。地下根粗壮肥厚。三出羽状复叶，顶生小叶比侧生小叶大，小叶菱状卵形，全缘，有时3浅裂；侧生小叶斜卵形。总状花序腋生；花冠紫红色或蓝紫色。荚果扁条形，密被黄褐色长硬毛。花果期5～10月。

【分布生境】我国大部分地区。生于山坡，丘陵，林缘地带。

【食用方法】葛藤花洗净，用开水焯后，放入凉水中浸泡，沥干水分后可素炒或与肉炒食，也可煮汤、煮粥、做包子的馅料。葛藤花鲜用或干用，泡水喝有解酒作用。

【药用功效】秋季采集未全开放的花序，晒干。花性味甘，凉。具有解酒醒脾等功效。用于伤酒发热烦渴、不思饮食、呕逆吐酸、吐血、肠风下血等症。葛根味甘，辛，性平。具有升阳止泻、除烦止渴、发表透疹等功效。用于身热烦渴、消化不良、肠胃炎、麻疹不透、消渴、高血压等症。葛根压汁生饮，治风火牙痛，咽喉肿痛。

【其他用途】根可提取淀粉，制作葛根粉，调制葛粉羹等。叶片可做饲料。茎皮纤维可做造纸原料。

# 紫葳科

# 凌霄花

【别名】紫葳花、藤萝花、倒挂金钟、洛阳花

【学名】*Campsis grandiflora* (Thunb.) Schum.

【植物形态特征】紫葳科，多年生落叶木质藤本。枝条具气生根可攀援。叶对生，奇数羽状复叶，小叶7～9，卵形或卵状披针形，叶缘具粗锯齿。圆锥花序，生枝端；花萼钟状，5齿裂，裂片披针形；花冠钟状漏斗形，橘红色，先端5裂，裂片半圆形而反卷；雄蕊4，2长2短；花柱长约3厘米，柱头扁平，2裂；子房2室。蒴果细长，豆荚形，顶端钝，2瓣裂。种子多数，扁平，具翅。花期6～8月，果期7～9月。

【分布生境】我国各地栽培或野生。生于山谷、庭院、公园等地。

【食用方法】花粉有毒，无人食用。

【药用功效】夏季采集刚开的花朵晒干。花性味酸、寒。具有凉血祛瘀、祛风等功效。用于血热风痒、血滞经闭、痤疮等症。孕妇忌用。

【其他用途】可做庭院、篱墙、公园的观赏植物。

# 牡丹花

【**别名**】洛阳花、富贵花、木芍药、花王

【**学名**】*Paeonia suffruticosa* Andr.

【**植物形态特征**】芍药科，多年生落叶灌木。叶2回3出复叶，顶生小叶宽卵形，先端3裂至中部；侧生小叶狭卵形或长圆状卵形。花大，单生茎顶；萼片5，宽卵形；花瓣5，常为重瓣，有玫瑰色、红紫色、粉红色、白色等。蓇葖果长圆形，密被短毛。

【**分布生境**】我国各地广为栽培。常见于庭院、公园、村寨等处。

【**食用方法**】**牡丹花粥**：锅内加入1000毫升水烧开，放入20克鲜牡丹花瓣煮10分钟后捞出花瓣不要，再放入100克大米煮成粥，用适量红糖调味即可。

**牡丹花银耳豆腐汤**：锅内水烧开，放入150克切成小块已经焯过水的豆腐，再放入40克水发透的银耳煮沸，用盐、鸡精、胡椒粉等调味，最后放入2朵洗净的牡丹花瓣，略煮即成。

**牡丹花里脊丝**：锅内放入猪油烧至六成热时，放入200克浆好的里脊丝滑散后，倒入调好的碗汁，待汁收浓时，放入2朵洗净切成丝的牡丹花，迅速翻炒几下即可装盘。

**油炸面糊牡丹花**：牡丹花数朵取花瓣洗净，花瓣均匀裹上鸡蛋面糊，放入油锅炸至金黄色捞出装盘，撒上白糖即可食用。

**牡丹花爆鸭肉条**：炒锅内放入油烧至五成热时，倒入200克浆好的鸭脯肉条，

拨散滑熟捞出。锅内留少许油，用葱、姜爆香，倒入鸭条、香菜和调好的芡汁，翻炒几下装盘，然后撒上一小把牡丹花丝即可。

【药用功效】花性味苦，淡，平。具有调经活血等功效。用于妇女月经不调，经行腹痛等症。牡丹根皮入药，味辛，苦，性凉。具有清热凉血、活血消瘀等功效。用于跌打瘀血、骨蒸劳热、血热斑疹、痈肿疮毒、经闭腹痛、吐血、衄血、便血等症。孕妇忌用。

【其他用途】种子可榨油。

唐代著名诗人刘禹锡诗曰："庭前芍药妖无格，池上芙蕖净少情。唯有牡丹真国色，花开时节动京城。"这首诗评价芍药美艳但没有格调；荷花洁净高雅但缺少热情；唯有牡丹才是花中之绝色，花开时节惊艳京城。洛阳牡丹花传承了几千年的文化，在我国有着重要的地位。

油炸面糊牡丹花

牡丹银耳豆腐汤

# 紫茉莉科

# 叶子花

【别名】三角花、紫三角、宝巾、簕杜鹃

【学名】*Bougainvillea spectabilis* Willd.

【植物形态特征】紫茉莉科，多年生攀援灌木。茎粗壮，有腋生直刺。叶互生，纸质，卵形或卵状披针形，长5～10厘米，宽3～6

厘米，全缘，先端渐尖，基部楔形，叶背面无毛或微生柔毛；叶柄长约1厘米。花顶生，常3朵簇生在苞片内；花梗与苞片的中脉合生；苞片3枚，叶状，暗红色或紫红色，椭圆形，长3～5厘米，宽2～4厘米，全缘；花冠管状，淡黄绿色，先端5浅裂。瘦果，具5棱。南方热带可全年开花。

【分布生境】原产于巴西。我国华南、西南等地多栽培。

【食用方法】无人食用。

【药用功效】花入药，花期采集花朵晒干。花性味苦，涩，温。具有调和气血等功效。用于妇女赤白带下，月经不调等症。

【其他用途】可做盆栽供观赏。

# 含笑花

【别名】寒宵、香蕉花

【学名】*Michelia figo* (Lour.) Spreng.

【植物形态特征】木兰科，常绿灌木。树皮灰褐色，多分枝。嫩叶、芽及花梗具黄褐色短毛。叶片革质，长椭圆形至倒卵状椭圆形，长 4 ～ 10 厘米，先端渐尖或尾尖，基部楔形，叶面无毛，叶背面沿中脉有柔毛；叶柄短。花单生于叶腋，直径约 1.2 厘米，具芳香味；花被片 6，肉质，长椭圆形，乳白色至淡黄色；雄蕊药隔顶端急尖；雌蕊多数，超出雄蕊。聚合蓇葖果，蓇葖果卵球形或球形，先端有喙。花果期 3 ～ 9 月。

【分布生境】华南各地区。我国各地普遍栽培。北方为盆栽，温室中越冬。

【食用方法】花瓣可用于泡茶，具芳香气味。

【药用功效】花蕾入药，性味苦，涩，平。具有祛瘀、活血止痛等功效。用于月经不调、痛经、胸肋疼痛等症。

【其他用途】花可提取精油。可做盆栽供观赏。

# 蔷薇科

# 玫瑰花

【别名】徘徊花、刺玫瑰、赤蔷薇、笔头花

【学名】*Rosa rugosa* Thunb.

【植物形态特征】蔷薇科，落叶灌木。枝干丛生，密被短绒毛，有皮刺和针刺。奇数羽状复叶，小叶5～9枚，椭圆形或椭圆状倒卵形，叶面多皱。花单生或数朵聚生，具芳香味；花瓣玫瑰色，单瓣或重瓣。蔷薇果扁球形，平滑，萼片宿存。花期5～7月，果期8～9月。

【分布生境】我国中部以北及西南等地。生于低山杂林、沟谷等地。

【食用方法】我国食用玫瑰花有着悠久的历史，早在明代《食物本草》中记载："玫瑰花食之芳香甘美，令人神爽。"玫瑰花具有浓郁的香味，不论是做菜肴还是做糕点都是上乘的食材。我国云南著名的玫瑰花饼、玫瑰花酱、玫瑰花馅元宵等都是人们喜爱的美食。

**玫瑰花粥：**锅中放入1000毫升水，加入100克大米煮成粥，撒入5朵玫瑰花的花瓣丝，加适量白糖煮开即成。

**玫瑰露酒：**酒坛中放入鲜玫瑰花350克，冰糖200克，白酒1500毫升，密封30天即可饮用。

**玫瑰花烤羊心：**锅中加适量水，放入50克鲜玫瑰花瓣，加适量盐煮10分钟后，取其水倒入盆中备用。羊心500克洗净，切成小块串在烤签上，边在火上烤边蘸盆中的玫瑰水，反复多次直至肉串烤熟即可。

**玫瑰花豆腐：**豆腐300克切成小块；蘑菇100克切片；玫瑰花2朵切成粗丝备用。锅内倒油烧热，放入豆腐块煎至两面金黄时，倒入适量啤酒、盐、酱油、高汤烧开，放入蘑菇片、玫瑰花烧至汤汁浓稠即可。

　　**玫瑰花炒里脊丝：**玫瑰花1朵洗净切粗丝，猪里脊肉洗净切丝上浆备用。锅内倒油烧至五成热时，下入里脊丝炒熟铲出。锅内加少许油，用葱、姜、蒜末爆香，加入适量高汤、葡萄酒、盐、草莓酱等烧开，再倒入里脊肉丝、玫瑰花丝翻炒均匀即可出锅。

玫瑰花饼

玫瑰花炒肉片

【**药用功效**】花性味甘，微苦，温。具有理气解郁、和血散瘀等功效。用于肝胃气痛、吐血、咯血、月经不调、赤白带下、乳痈、肿毒等症。玫瑰露为玫瑰花的蒸馏液，有和血平肝、祛瘀等作用。

【**其他用途**】花可提取香精，为名贵的香料。

玫瑰花凉拌菜

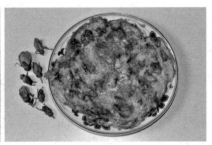

玫瑰花摊鸡蛋

玫瑰花豆腐

玫瑰花馅元宵

# 月季花

【别名】四季花、月月红、长春花、勒泡

【学名】*Rosa chinensis* Jacq.

【植物形态特征】蔷薇科，常绿灌木。枝条上有扁平的钩状皮刺。奇数羽状复叶，小叶 3 ～ 7 枚，宽卵形或卵状长圆形，先端渐尖，基部宽楔形，叶缘具粗锯齿；叶柄上有腺毛及刺。花单生或数朵聚生成伞房状；花瓣倒卵形，先端常外卷，花色因品种而异，常见的有红色、玫瑰色、粉红色、黄色等。蔷薇果卵形或椭圆形，红色，萼片宿存。花期 4 ～ 9 月。果期 9 ～ 10 月。

【分布生境】原产于我国。全世界广泛栽培，品种极多，花姿各异。

【食用方法】**月季花饮**：月季花 10 克放入杯中，用开水冲泡 10 分钟后饮用。

**月季花酒**：酒坛中放入 200 克洗净的月季花，1000 毫升绍兴黄酒，密封 10 天后即可饮用。

**月季花猪肝**：月季花 2 朵洗净瓣下花瓣；竹笋 30 克切片；青椒 30 克切片；猪肝 250 克切片，倒入开水中余熟备用。锅中放油烧热，用葱、姜爆香，下入上述食材翻炒几下，加盐、胡椒粉烧沸后，淋入水淀粉勾芡，撒入月季花瓣略翻炒即成。

**月季花烩鱼肚**：月季花 3 朵洗净瓣下花瓣；水发鱼肚 300 克切块，倒入开水锅中余透捞出备用。起锅倒油烧热，葱、姜爆香，倒入高汤、盐、料酒、胡椒粉等烧沸，下入鱼肚小火炖 30 分钟，放入鸡精，水淀粉勾芡后撒入花瓣略翻炒即成。

**月季花炸鸡条**：鸡胸脯肉200克，洗净切成条装入盆中，磕入1个鸡蛋清，放少许盐、鸡精、姜汁、白兰地酒拌均匀腌30分钟；芹菜50克切成丝；月季花瓣30克切成丝备用。用水、面粉、五香粉、咖喱粉、芹菜丝、月季花丝一起搅拌调成糊备用。锅中放油烧至六成热时，把鸡条裹上调好的面糊，放入油锅中炸至金黄色捞出装盘。

月季花用糖腌渍后，可做各种甜食的馅料。

月季花还可做成月季花焖猪蹄、月季花西芹百合、月季花烧大虾、月季花鲫鱼汤、月季花鱼片、月季花炒肉丝、月季花银耳汤等。

【药用功效】夏季至秋季采集花朵，晒干。花性味甘，温。具有活血调经、消肿、解毒等功效，用于月经不调、经来腹痛、跌打损伤、血瘀肿痛、痈疽肿毒等症。叶入药，具有活血消肿等功效。用于血瘀肿痛、瘰疬、跌打损伤等症。根入药，用于月经不调、带下、瘰疬等症。

【其他用途】可做盆栽供观赏。

月季原产于我国，1789年传入欧洲，后被世界广泛栽培，并培育出许多新品种。月季花是著名的观赏花卉之一，有"花中皇后"之美誉，受到世人的推崇。我国栽培月季花的历史悠久，已有二千多年的栽培史。相传在神农时代就由野生而引为家种。历朝历代的皇帝和文武大臣，也很喜欢在御花园或府邸中种植月季。宋朝大诗人杨万里诗曰："只道花无十日红，此花无日不春风。一尖已剥胭脂笔，四破犹包翡翠茸。"月季花是象征着美丽、纯洁、幸福和友谊的鲜花。

月季花银耳汤

月季花炒肉丝

# 豆科

# 金雀花

【别名】锦鸡儿、金鹊花、坝齿花、黄雀花

【学名】*Caragana sinica* (Buc'hoz) Rehd.

【植物形态特征】豆科，落叶小灌木。枝条细长，有棱。托叶三角形，硬化成刺。羽状复叶，小叶4，上面1对较大，倒卵形或长圆状倒卵形。萼筒钟形，长约1.2厘米；花单生，花冠黄色或带红色，后期为褐红色。荚果圆柱形，长3～3.5厘米，褐色。花期4～5月。果期6～7月。

【分布生境】西南、华东、华中、华北等地。生于山坡灌丛、杂林中。

【食用方法】云南人喜用金雀花制作各种菜肴，为地方特色风味菜。金雀花也可煮粥。

**金雀花蒸蛋羹：**金雀花洗净，放入开水锅中焯一下捞出，凉水冲洗后放入碗中，磕入鸡蛋，加盐、少量水打散上锅蒸熟，滴入香油即可。

**鸡茸金雀花：**熟火腿切成米粒大小备用。金雀花焯水后挤干水分放入碗中，磕入鸡蛋清充分拌均匀，徐徐倒入调好味并烧开的汤锅中，边倒边用炒勺推动，成片状时，淋入香油装汤碗内，撒上火腿粒即成。

**金雀花摊鸡蛋：**鸡蛋3个磕入碗中，加适量洗净的金雀花、盐搅拌均匀，倒入油锅中煎至两面金黄色即可。

　　**金雀花炒肉丝**：金雀花150克洗净焯水后，与150克鸡肉丝炒食。

　　**金雀花炒肉丁**：金雀花150克洗净焯水后，与150克猪肉丁、150克芹菜丁炒食。

　　**金雀花粥**：锅中倒入1000毫升水，放入100克洗净的大米煮成粥，再放入50克金雀花和适量白糖略煮片刻即成。

　　【药用功效】4月中旬采集，晒干。花性味甘，微温。具有滋阴、和血、健脾等功效。用于劳热咳嗽，头晕腰酸，气虚白带，乳痈，小儿疳积，跌扑损伤等症。

　　【其他用途】不详。

金雀花炒肉丁

金雀花摊鸡蛋

# 大戟科

# 铁海棠花

【别名】虎刺梅、麒麟花、老虎簕、刺蓬花

【学名】*Euphorbia milii* Ch.des Moulins

【植物形态特征】大戟科，多年生多刺肉质灌木。株高可达100厘米，体内有乳白色汁液。茎直立，具纵棱，疏生1～2.5厘米的硬长刺。叶片倒卵形或矩圆状匙形，长2.5～5厘米，宽1～2厘米，先端近圆形，基部楔形，全缘；无叶柄。杯状聚伞花序，常2～4枚生于枝的顶端，排列成具长梗的二歧聚伞状；总苞钟状，顶端5裂；总苞基部具苞片，苞片红色，肾形或倒卵状圆形。蒴果扁球形。全年可开花。

【分布生境】原产于非洲马达加斯加。我国各地有栽培。多见于庭院、花圃、公园等。

【食用方法】有毒不能食用。

【药用功效】花入药。用于功能性子宫出血。铁海棠花10～15朵，与瘦猪肉同蒸或水煎服。全株及白色乳汁入药，性味苦，凉，有毒。具有排脓、逐水等功效。用于痈疮、肝炎、大腹水肿等症。

【其他用途】可做盆栽供观赏。

# 锦葵科

# 朱槿花

【别名】扶桑、佛桑、大红花

【学名】*Hibiscus rosa-sinensis* L.

【植物形态特征】锦葵科，落叶灌木或小乔木。叶片阔卵形或狭卵形，先端尖，基部楔形，叶缘具粗齿。花单生于枝条的叶腋处；副萼片6～7枚，线形，长为花萼之半；单瓣花，直径约8厘米，花冠红色，也有粉色、橙色和白色。雄蕊柱超出花冠外。蒴果卵圆形，光滑。花期可全年。

【分布生境】原产于我国南部。现各地区均有栽培。

【食用方法】**朱槿虾仁豆腐汤**：豆腐1块切成小块焯水；虾仁50克洗净；朱槿花10朵取花瓣洗净备用。锅中加适量水，放入豆腐、虾仁煮熟，放入花瓣、盐、鸡精等调味后盛入汤盆中，滴入香油即可。

**油炸面糊朱槿花**：朱槿花数朵去蒂洗净，裹上鸡蛋面糊，放入油锅中炸至金黄色即可。

【药用功效】花性味甘，平。具有清热解毒、清肺凉血等功效。用于肺热咳嗽、尿路感染、腮腺炎、急性结膜炎、痢疾、痈肿、毒疮等症。

【其他用途】可做盆栽供观赏。

# 木槿花

【别名】朝开暮落花、篱障花、灯盏花、白玉花

【学名】*Hibiscus syriacus* L.

【植物形态特征】锦葵科，落叶灌木或小乔木。叶片卵形或菱状卵形，常3裂，裂缘缺刻状，叶基部楔形或圆形。花单生枝条的叶腋处；花粉红色、淡紫色或白色，单瓣或重瓣花；花萼具不等形线状裂；副萼6～7，线形；雄蕊和柱头不伸出花冠。蒴果长圆形。花果期7～9月。

【分布生境】原产于我国中部，现各地区广为栽培。多见于公园、庭院、村寨、公路边等地。

【食用方法】**木槿花粥**：锅内加水1000毫升，放入100克大米熬成粥，再放入50克木槿花瓣，略煮即可，吃时可加糖。

**木槿花冰糖饮**：木槿花5朵洗净放入碗内，加适量水和冰糖，上锅蒸20分钟取出饮用。

**木槿花炒鸡片**：鸡胸脯肉200克，洗净切片上好浆；鲜蘑菇50克切片；熟青豆20

木槿花（单瓣）

木槿花（重瓣）

克；木槿花瓣50克洗净备用。锅内倒入适量油烧热，用葱花、姜末炝锅，然后放入鸡片滑散，加入蘑菇片、青豆、花瓣、盐、鸡精、胡椒粉等翻炒均匀，用水淀粉勾芡即成。

**油炸面糊木槿花：**木槿花数朵去蒂洗净，均匀裹上鸡蛋面糊，放油锅中炸至金黄色即可，吃时可蘸花椒盐。

**木槿花鲫鱼汤：**鲫鱼2条处理干净；木槿花数朵洗净掰下花瓣切成粗丝；水发竹笋50克切片备用。锅内倒入油烧热，放入鲫鱼煎至两面金黄色时，加入适量开水，用盐、鸡精、胡椒粉等调味，煮30分钟，最后放入木槿花丝略煮即成。

**木槿花豆腐汤：**木槿花数朵取下花瓣洗净备用；豆腐一块切成小块备用。锅内放少许油烧热，用葱、姜末炝锅后，倒入适量高汤、豆腐，小火炖10分钟，然后放入木槿花瓣，用食盐、味精、香油等调味即可。

【药用功效】花性味甘，苦，凉。具有清热解毒、利湿、消肿等功效。用于肠风泻血、痢疾、白带异常等症。

【其他用途】可做篱障植物。

木槿花鸡蛋汤

木槿花炒肉片

# 木芙蓉花

【别名】芙蓉花、山芙蓉、地芙蓉

【学名】*Hibiscus mutabilis* L.

【植物形态特征】锦葵科，落叶灌木或小乔木。株体被星状毛。叶宽卵形，掌状5～7裂，叶缘具钝齿。花单生于枝端叶腋处；花萼钟形，裂片卵形；副萼10，线形；花大，基部与雄蕊柱合生，单瓣或重瓣，初为白色或粉红色，后变深红色。蒴果扁球形。花果期7～10月。

【分布生境】我国大部分地区有栽培。生于山坡、林缘、庭院等。

【食用方法】**木芙蓉花粥**：锅中倒入1000毫升水，放入100克大米煮成粥，再放入3朵切碎的木芙蓉花，略煮即成。

**芙蓉花鸡蛋汤**：锅中放入猪油烧热，用葱花炝锅，然后放入适量水、泡透的粉丝、菠菜、芙蓉花瓣、盐、鸡精、生抽、姜丝，待开锅时撇去浮沫，用适量水淀粉勾薄芡，淋入鸡蛋液，出锅时滴入香油即可。

**芙蓉花牛肉丝**：牛肉500克切丝上好浆；木芙蓉花20朵切丝备用。锅内放油烧热，放入牛肉丝快速煸炒至变色时，加盐、酱油、胡椒粉、蒜末、鸡精、芙蓉花丝翻炒几下即可出锅。

**芙蓉花炖豆腐**：锅内倒入鸡汤，放入切好的150克豆腐块煮开，加盐等调味，再放入100克芙蓉花瓣，略煮片刻即可。

**油炸面糊芙蓉花**：木芙蓉花去蒂洗净控干水分，均匀裹上鸡蛋面

糊，上油锅炸至金黄色即可。

【药用功效】花性味辛，平。具有清热解毒、凉血、消肿等功效。用于肺热咳嗽，痈肿，疔疮等症。

【其他用途】可做观赏植物。

# 金铃花

【别名】灯笼花、猩猩花、宫灯扶桑花

【学名】*Abutilon pictum* (Gillies ex Hook.) Walp.

【植物形态特征】锦葵科，常绿灌木。茎圆柱形，灰绿色。叶互生，掌状3～5深裂，裂片卵状渐尖，叶缘具锯齿，掌状5主脉；叶柄细长。花单生叶腋，钟状，下垂；花萼裂片披针形；花橘黄色，具红色网纹，花瓣5，宽倒卵形，先端钝尖；花药黄色，多数，集生于柱顶；子房钝头，花柱分枝10枚，紫色。花期5～10月。

【分布生境】原产于南美洲。生于山坡、荒地。我国各地有栽培，多见于花圃、庭院、公园等。

【食用方法】无人食用。

【药用功效】花性味辛，寒。具有活血散瘀、止痛等功效。用于跌打损伤、腹痛等症。

【其他用途】可做盆栽观赏植物。

# 米兰花

【别名】米仔兰、碎米兰、鱼子兰、千里香

【学名】*Aglaia odorata* Lour.

【植物形态特征】棟科，多年生常绿灌木或小乔木。多分枝，幼枝先端具星状锈色鳞片，后脱落。叶互生，奇数羽状复叶，叶轴有窄翅；小叶3～5枚，倒卵形或长椭圆形。圆锥花序腋生；花萼5裂，裂片圆形；花黄色，具香味，花瓣5，长圆形或近圆形，比萼长；雄蕊花丝结合成筒，比花瓣短；子房卵形。浆果卵形或球形，表面具星状鳞片。种子具肉质假种皮。可四季开花。

【**分布生境**】华中以南、华西南部。现各地普遍栽培，多见于庭院、公园等地。

【**食用方法**】米兰花气味芳香，可以用来熏制茶叶。

**米兰花粥**：锅内加水1000毫升，放入100克大米，10个切成小块的栗子，用大火烧开后转小火煮成粥，加入适量米兰花略煮片刻即可，吃时可调入白糖或蜂蜜。

**米兰栗子羹**：熟栗子500克去皮，切成小粒；蒸熟的红枣100克，去核，切成小粒备用。锅内加入1000毫升水烧开，放入栗子、大枣、白糖100克，待糖溶解后改用小火焖煮，撒入适量米兰花，随后用水淀粉勾薄芡，略煮即可食用。

【**药用功效**】花性味辛，甘，平。具有解郁宽中、催生、解酒、清肺、止烦渴等功效。用于胸膈胀满不适、噎膈初起、咳嗽、头晕等症。

【**其他用途**】可做盆栽供观赏，为著名芳香植物。

## 山茶科

# 山茶花

【别名】红茶花、山茶、一捻红

【学名】*Camellia japonica* L.

【植物形态特征】山茶科，常绿灌木或小乔木。叶片革质，卵形或椭圆形，叶缘具锯齿，两面平滑无毛。花单生于叶腋或枝顶；花红色，花瓣5～7片，近圆形；雄蕊多数，2轮；雌蕊1，子房长球形，光滑无毛。蒴果球形。种子近椭圆形。花期3～5月，果期9～10月。

【分布生境】云南、四川、江苏、浙江等地。多为栽培植物。

【食用方法】**茶花粥**：锅内放入1000毫升水、洗净的大米100克煮

成粥，撒入5朵山茶花的花瓣，加适量白糖调味，略煮即可食用。

**油炸山茶花：**山茶花数朵洗净，裹上鸡蛋面糊，上油锅炸至金黄色即可。

**山茶花鲤鱼汤：**鲤鱼1条处理干净，上油锅炸至金黄色捞出备用。锅中放少许油，用葱、姜炝锅，再把炸好的鱼放入锅中，加入高汤、黄酒、30克鲜山茶花瓣、30克香菜，用盐、胡椒粉等调味，煮开即可。

**山茶花豆腐：**豆腐300克切小块，山茶花瓣20克洗净焯水，虾仁30克洗净，鲜蘑菇50克洗净切片，竹笋尖切片备用。锅内注入鸡汤，放盐，将上述食材放入锅内同煨，待汤浓即可出锅。

**【药用功效】**花性味苦，辛，凉。具有凉血止血、消肿散瘀等功效。用于吐血、衄血、血崩、血痢、血淋、跌扑损伤、烫伤等症。烫伤，茶花研末用麻油调和涂患处。

**【其他用途】**可做观赏盆景。种子可榨食用油。

# 杜鹃花

【别名】映山红、艳山红、满山红、山石榴

【学名】*Rhododendron simsii* Planch.

【植物形态特征】杜鹃花科，常绿灌木。枝条密生褐色糙伏毛。叶卵状椭圆形至倒卵形，全缘，两面有糙伏毛，叶背面更密。花2～6朵簇生枝顶。花冠玫瑰色至淡红色，宽漏斗形，上部1瓣及近侧2瓣内面有深红色斑点。蒴果，卵圆形，密被糙伏毛。花果期4～10月。

【分布生境】华西南部、华南、华中、华东。生于海拔500～2700米的山地灌丛、林缘中。为典型的酸性土壤指示植物。

【**食用方法**】云南盛产杜鹃花，有许多种类的杜鹃花被少数民族作为蔬菜食用。常见的方法是，新鲜杜鹃花在开水锅中略煮几分钟捞出，放在凉水中浸泡后，可与咸肉、火腿等食材煮食或炒食，也可煮粥、煲汤。杜鹃花洗净，控干水分后，用糖或蜂蜜腌渍做蜜饯食用。

杜鹃花种类很多，有些品种的花有毒不可食用，如黄色杜鹃花等。

【**药用功效**】花性味酸，温。具有和血、调经、祛风湿等功效。用于月经不调、闭经、崩漏、吐血、衄血、跌打损伤、风湿痛等症。

【**其他用途**】可做观赏盆景。

相传，古时有杜鹃鸟，日夜哀鸣而咳血，染红了遍山的花朵，因而得名杜鹃花。唐代诗人白居易对杜鹃花大加赞赏，写有"九江三月杜鹃来，一声催得一枝开，江城上佐闲无事，山下劚得厅前栽"的诗句。

# 木樨科

# 茉莉花

【别名】末利花、奈花、小南强、鬘华

【学名】*Jasminum sambac* (L.) Ait.

【植物形态特征】木樨科，常绿灌木。嫩枝圆柱形，被短柔毛或近无毛。单叶对生，椭圆形、广卵形或近倒卵形，全缘，叶脉明显；叶柄短。聚伞花序顶生或腋生，具芳香味；萼裂片线条形，被疏毛或无；花冠白色，花瓣长圆形或近圆形，多为重瓣花，也有单瓣花。花期5～8月，花后一般不结果实。

【分布生境】原产于印度、阿拉伯等地。我国各地均有栽培。

【食用方法】鲜花含油率0.2%～0.3%。

**茉莉花茶：**用茉莉花熏制的茶叶，香味浓郁持久，可开郁提神。茉莉花茶是老北京人最喜欢饮用的茶品，饮后唇齿留香，回味悠长。

**茉莉花饮：**鲜茉莉花或干茉莉花数朵放入杯中，加适量白糖，用开水冲泡后饮用。

**茉莉花粥：**锅中倒入1000毫升水，放入100克大米煮成粥，再放入20克鲜茉莉花，略煮即成。

**茉莉花拌杏仁：**茉莉花蕾在开水中略焯一下捞出，过凉水后装盘，与浸泡好的甜杏仁、盐、鸡精、香油等拌均匀即可食用。

**茉莉花虾仁：**锅中油温烧至五成热时，放入用湿淀粉、盐浆好的虾仁进行滑炒，熟时倒入碗汁翻炒几下，出锅前撒入30朵茉莉花翻炒几下出锅，装盘后点缀几朵茉莉花即成。

**茉莉花鸭肉：**酱好的鸭肉切片装盘，蘸汁中加入茉莉花浇在鸭肉上即成。

**茉莉花豆腐：**锅内放少许油烧热，用葱花、姜末炝锅后，倒入切好的豆腐块、火腿丁，翻炒几下后倒入适量高汤同煮，出锅前放适量茉莉花，略翻炒即可。

**茉莉花鸡片：**鸡胸脯肉200克，洗净切成薄片上好浆；茉莉花4克洗净；冬笋30克切片，用开水焯透；用盐、鸡精、胡椒粉、料酒、白糖、淀粉、高汤等兑成碗汁备用。锅内倒油烧热，下入鸡片滑散捞出。锅内留少许油，用葱花、姜末爆香，放入冬笋片翻炒，随后放入鸡片，倒入碗汁勾芡，淋入香油，撒上茉莉花出锅装盘即成。

**茉莉花腰花：**鲜茉莉花20克洗净；青椒100克，洗净切菱形块；鲜蘑菇50克，洗净切片；青豆20克，洗净焯水；猪腰子300克处理干净，切成腰花，拌入料酒、盐、胡椒粉等腌10分钟后，放入开水锅中焯水去腥后捞出备用。锅中倒油烧热，用葱花、姜末、蒜茸炝锅，倒入上述食材，加盐、鸡精、料酒等翻炒，出锅前撒上茉莉花瓣略翻炒装盘即成。

**茉莉花烩海参：**茉莉花30朵洗净控干水分；大葱50克切成段；水发海参400克，处理干净后，放盐、胡椒粉等拌均匀备用。锅内倒油烧热，放入葱段炒至焦黄时，倒入海参，放入生抽、料酒、糖、高汤烧开，撇去浮沫后，加入适量番茄酱煮至海参熟透时，用水淀粉勾芡，淋入熟油，撒入茉莉花略翻炒出锅装盘。

**茉莉花鱿鱼：**鱿鱼400克洗净，切成麦穗状后改刀切成段，放入开水锅中焯成卷时捞出；茉莉花20朵放入碗内，加料酒、适量浓茶水、淀粉兑成碗汁备用。锅中倒油烧至六成热时，用葱段、姜片、蒜末爆香，捞出调料，倒入鱿鱼卷翻炒，随即倒入碗汁翻炒均匀即可出锅。

【药用功效】茉莉花性味辛，甘，温。具有理气和中、辟秽开郁等功效。用于下痢腹痛、结膜炎、疮毒、口臭等症。茉莉花露为茉莉花的蒸馏液，可健脾理气，解胸中陈腐之气。

【其他用途】花可提取香料，用于化妆品及香皂制作等。

茉莉花由亚洲西南部传入我国已有1700多年的历史。茉莉花与兰花、桂花并称为"三大香祖"，居熏茶植物花之首。茉莉花开花期长，从夏季可一直陆续开到深秋。其花大致可分为三期：小满到夏至，因正值梅雨季节，所以被称为"梅花"；小暑至处暑，被称为"伏花"；白露迄秋，被称为"秋花"。以伏花结花最多也最香，质量为三者之首。脍炙人口的歌曲《茉莉花》扬名四海，久唱不衰，道出了世人对茉莉花的喜爱。

茉莉花虾仁

茉莉花拌杏仁

茉莉花鸭肉

# 迎春花

【别名】金腰带、金梅、清明花、黄梅

【学名】*Jasminum nudiflorum* Lindl.

【植物形态特征】木樨科，落叶灌木。枝条细长，多呈弯曲状下垂。小枝具4棱，光滑无毛。叶对生，小叶3枚，卵形或长圆状卵形，边缘有细齿。花单生于枝条的叶腋处，高脚碟状；萼裂片6，线形，绿色，与萼筒等长或稍长；花冠黄色，通常6裂，裂片倒卵形，稍有清香味。花期2～4月，一般不结果。

【分布生境】陕西、甘肃、四川、云南、西藏。现我国广泛栽培。

【食用方法】花朵清水洗净后，可以煮粥，或泡茶。花朵用开水略焯水后，可做凉拌菜或炒食。鲜花可以做菜肴的点缀。

【药用功效】花性味苦，微辛，平。具有清热利尿等功效。用于发热头痛，小便热痛等症。花研成粉调麻油敷患处，治皮肤溃疡。叶片入药性味苦，涩，平。具有解毒消炎、止血、止痛等功效。用于跌打损伤、外伤出血、口腔炎、无名肿毒、外阴瘙痒等症。

【其他用途】可做庭院绿化植物，制作盆景。

# 马鞭草科

# 马缨丹

【别名】五色梅、如意花、臭草

【学名】*Lantana camara* L.

【植物形态特征】马鞭草科，常绿灌木。株体有特殊气味。茎、枝条均呈四棱形，被短柔毛，常有下弯的钩刺。叶对生，卵形至卵状长圆形，先端渐尖，基部心形或楔形，叶缘具钝齿。花密集成头状，顶生或腋生，花序梗粗壮。花冠黄色、橙色、粉红色至深红色，两面均有细短毛。果实圆球形，成熟时紫黑色。在南方可全年开花。

【分布生境】原产于美洲热带。我国华南等地常见栽培。生于山坡、荒地、村寨旁、公园等地。北方公园温室中有栽培，供观赏。

【食用方法】植株有特殊异味，无人食用。

【药用功效】花性味甘，淡，凉。具有清凉解毒、活血止血等功效。用于肺痨吐血、暑热头痛、腹痛吐泻、湿疹、阴痒、跌打损伤等症。根入药，性味甘，苦，寒。具有清热、利湿、活血、祛风等功效。用于风湿痹痛、感冒、流行性腮腺炎、跌打损伤等症。

【其他用途】可做观赏花卉，或做围篱植物。

# 龙船花

【别名】五月花、大将军、红缨花

【学名】*Ixora chinensis* Lam.

【植物形态特征】茜草科，常绿灌木。叶对生，薄革质，长椭圆形或倒卵形，先端急尖，基部楔形，全缘，两面主脉突出。聚伞花序顶生，密集成伞房状；花萼深红色，4浅裂，裂片钝齿状；花冠高脚碟状，肉质，红色，裂片4，先端浑圆；雄蕊4，着生于管口处，花丝极短；雌蕊1，红色，花柱细长，柱头2浅裂。浆果近球形，成熟时黑红色。华南等地可全年开花。

【分布生境】广东、广西、福建、海南、台湾等地。生于疏林下、灌木丛中、路边、村寨旁、公园等地。

【食用方法】无人食用。

【药用功效】花性味甘，辛，凉。具有清肝、活血、止痛等功效。用于高血压、月经不调、跌打损伤、疮疡等症。

【其他用途】可做园林绿化植物。

# 栀子花

【别名】山栀花、白蟾花、黄栀子、林兰

【学名】*Gardenia jasminoides* var. *fortuniana* (Lindl.) Hara

【植物形态特征】茜草科，常绿灌木。叶片对生或3叶轮生，革质，长椭圆形或倒卵状披针形，全缘。花单生枝端或叶腋，白色芳香；雄蕊6，着生在花冠喉部，花丝极短，花药线形。蒴果卵球形，褐黄色，有多条翅状纵棱，果顶端有宿存的花萼。花期5～7月，果期8～11月。

【分布生境】西南、华南、华中、华东。生于疏林、灌丛、荒坡中。

【食用方法】栀子花可熏制花茶，味道幽香。也可直接沏茶饮用。

**清炒栀子花：**锅中油烧热，用葱姜爆香，倒入洗净的栀子花，加盐、鸡精等迅速翻炒即成。

**栀子花煮粥：**锅内加1000毫升水，放入50克已经泡透的红小豆，100克洗净的大米煮成粥，加入数朵栀子花和适量白糖略煮即成。

**油炸栀子花：**栀子花裹上

单瓣栀子

重瓣栀子（白蟾）

鸡蛋面糊，上油锅炸至金黄色即成。

**栀子花牛柳**：栀子花瓣50克略焯水后切粗丝，牛肉300克切薄条浆好，杭椒适量切小段备用。锅内倒油烧热，葱花爆香，放入牛肉、杭椒煸炒，再放入栀子花、盐、鸡精、黄酒、少许高汤快速翻炒即可出锅。

【**药用功效**】花性味苦，寒。具有清肺、凉血等功效。用于肺热咳嗽、衄血等症。果实入药，性味苦，寒。具有清热、泻火、凉血等功效。用于热病心烦、目赤肿痛、热毒疮疡、黄疸、小便赤黄等症。

【**其他用途**】可做盆栽供观赏。

# 忍冬科

# 金银花

【别名】忍冬花、双鹭鸶花、金藤花、二宝花

【学名】*Lonicera japonica* Thunb.

【植物形态特征】忍冬科，多年生落叶攀援灌木。幼枝被柔毛和腺毛。叶对生，宽披针形或卵状椭圆形，初时两面有毛。花成对生于叶腋；苞片叶状，边缘有纤毛；花萼筒细长，5裂；花冠二唇形，白色及黄色，外面被柔毛和腺毛，芳香；花冠上唇4裂，下唇1片；花筒与裂片近等长；雄蕊5，和花柱均稍长与花冠。花期5～8月，果期8～10月。

【分布生境】我国大部分地区。生于山坡、林缘、篱笆、栅栏等处。

【食用方法】金银花具有抗菌、消炎作用。

金银花茶：杯中放入鲜金银花20克，绿茶少许，用开水冲泡喝。

金银花绿豆饮：锅中放入金银花30克，甘草15克一同煎汁，取其汁液与100克绿豆一起煮成汤即可，适合暑热天饮用。

金银花百合汤：

锅中放入1000毫升水、金银花20克、百合30克、冰糖30克，煮20分钟即可。

**金银花莲子粥：** 锅中倒入适量水，放入30克金银花煮沸转小火煮5分钟后，去掉金银花留汁液，放入30克泡透去心的莲子，用小火煮至莲子熟透，再放适量冰糖煮溶化后即成。

**金银花凉拌菜：** 金银花50克洗净，可与黄瓜、小番茄、紫甘蓝、生菜、苦苣等时鲜蔬菜，加调味品一起拌食。

**金银花拌肉丝：** 盆中放入适量酱肉丝、黄瓜丝、胡萝卜丝、金银花，用盐、鸡精、香油等调味后装盘即可。

**金银花枸菊虾仁：** 鲜金银花50克洗净，白菊花花瓣20克洗净，枸杞30克洗净提前泡软，虾仁150克洗净上浆抓均匀备用。锅中油烧至五成热时，下入虾仁滑散滑熟，再加入金银花、菊花瓣同炒，用盐、鸡精等调味后即成。

**金银花炖老鸭：** 金银花30克，生地黄30克，熟地黄30克，玉竹30克，公鸭1只处理干净备用。从鸭子腹部填入上述食材，并加入适量黄酒、胡椒粉、盐，用线将切口缝上，放入砂锅中，注入水烧开，撇去浮沫后，加入葱段、料酒、盐、胡椒粉等，用小火炖至熟烂即成。

**【药用功效】** 花蕾开放前采集，晒干。花性味甘，寒。具有清热解毒、疏散风热等功效。用于风热感冒、温病发热、暑热、咽喉疼痛、热毒血痢、腮腺炎、阑尾炎、痈肿疔疮、小儿痱毒等症。

**【其他用途】** 可做篱栏攀援植物，花可提取芳香油。

金银花拌肉丝

金银花饮

# 火龙果花

【别名】量天尺花、霸王花、剑花、龙骨花

【学名】*Hylocereus undatus* Britt.

【植物形态特征】仙人掌科，多年生肉质草本。植株三棱状柱形，边缘波状或圆齿状。花大，漏斗形，夜间开放。浆果红色，椭圆形或球形，果肉白色或红色，味淡。种子细小，倒卵形，黑色。花果期6～10月。

【分布生境】原产于美洲的哥斯达黎加等地。我国南方热带地区种植，北方引种在温室中栽培。

【食用方法】**火龙果花排骨汤**：花洗干净撕开，排骨洗净剁成段，姜切成片，一起放入锅中，加适量水，用大火烧开撇去浮沫，转中火炖煮20分钟后放入豆腐块，放入盐、鸡精等调味煮熟炖透即可出锅。

**清炒火龙果花**：鲜花洗干净撕开，锅中油烧热，放入大蒜片爆香，然后放入火龙果花翻炒，加盐、鸡精等调味品略翻炒后即可出锅。

**火龙果花土鸡汤**：火龙果花洗净纵切几瓣，与处理干净的土鸡一起炖食。

**油浸火龙果花丝**：取火龙果的花丝洗净，开水焯后，用油炒食。

**清炒火龙果花蕾丝**：花蕾切成丝，用开水焯后炒食。

**辣椒炒火龙果花蕾**：嫩小花蕾洗净后一切两半，与辣椒一起炒食。

【药用功效】所含的花青素，可延缓衰老、保护视力。

【其他用途】可做盆栽供观赏。

# 昙花

【别名】琼花、金钩莲、韦陀、月下美人

【学名】*Epiphyllum oxypetalum* Haw.

【植物形态特征】仙人掌科，多年生灌木。主枝圆柱形，木质化。分枝扁平，绿色，叶状，边缘呈波状，中肋明显，无叶片。花单生于枝缘凹内；花大白色，连筒部长可达30厘米，宽处约10厘米；花被筒长，开花时下垂后而又抬起；雄蕊细长，成束；花柱白色，比雄蕊长，柱头线状16～18裂。花期夏季，一般在晚上8点左右开放，盛开的时间5～10分钟，3～4小时后花很快凋谢，所以有"昙花一现"之说。

【分布生境】原产于墨西哥。我国各地有栽培。

【食用方法】昙花可鲜用或晒干备用，一般多用来煮汤。

**昙花鸡蛋汤：**锅内加适量水烧开，放入青菜叶、昙花略煮，然后勾入少许水淀粉，淋入鸡蛋液，出锅前用盐、鸡精、香油等调味即可。

**昙花猪骨汤：**胡萝卜2根洗净切滚刀块；干昙花50克温水中浸泡30分钟备用。锅中加适量水，放入猪骨250克烧开，撇去浮沫后，放入昙花、胡萝卜、盐等一起炖成汤即可。

**昙花炒鸡蛋：**鲜昙花洗净切碎，加盐与鸡蛋液搅拌均匀后炒食。

【药用功效】花性味淡，平。具有清肺、止咳、化痰等功效。用于心胃气痛、吐血、肺结核等症。

【其他用途】可做盆栽供观赏。

油炸面糊昙花

# 松花粉

【别名】油松、红皮松、赤松、短叶松

【学名】*Pinus tabuliformis* Carr.

【植物形态特征】松科，常绿乔木。叶2针一束，长10～15厘米。雄花序长卵形，生小枝顶端，花后成柔黄状，花粉鲜黄色。雌球序阔卵形，1～2枚生新枝顶端。球果卵球形，成熟后开裂。种鳞的鳞盾肥厚扁菱形。种子小，卵圆形，有翅。花期4～5月。球果次年9～10月成熟。

【分布生境】东北、华北、华中、西北等地。各地广为栽培。

【食用方法】同科的白皮松、红松、华山松、马尾松等的花粉也可食用及药用。

松花酒：松花粉100克上锅蒸熟，用绢布包好，与白酒1000毫升同入坛中，浸泡10天即可饮用。早、晚各饮20毫升，适用于体质虚弱、头晕目眩等症。

松花粉可以做糕点的外裹粉料。也可制作松花粉糖果。

【药用功效】4～5月采集雄花序，晒干收集花粉备用。松花粉性味甘，温。具有祛风益气、收湿、止血等功效。用于头眩晕、中虚胃痛、久痢、湿疹、黄水疮、皮肤糜烂、创伤出血等症。松节、松针、松油均可入药，有祛湿散寒等作用。

【其他用途】不详。

# 杨树花序

【别名】毛白杨、白杨、笨白杨、独摇

【学名】*Populus tomentosa* Carr.

【植物形态特征】杨柳科，落叶乔木。幼枝被灰白色短绒毛。冬芽卵状锥形，有树脂。长枝上的叶三角状卵形，有2个腺体，叶背面被绒毛。短枝上的叶较小，卵状三角形，叶缘具波状齿，叶背面光滑。雄花序长10～20厘米，下垂柔软，雄蕊8(6～13)；雌花子房椭圆形，柱头2裂，扁平，果序长10～20厘米。蒴果长卵形，2瓣裂。花果期3～5月。

【分布生境】辽宁、华北、西北、华东等地。各地广为栽培。

【食用方法】旧社会人们用杨树花序充饥。现今也有人食用。

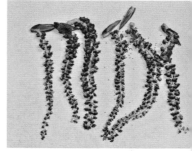

春季采集鲜嫩雄花序，清水洗净，放入开水锅中焯后捞出，放入凉水中浸泡去除苦味后，可做凉拌菜。也可用加工过的花序与肉或腊肉一起炒食。嫩杨树叶焯水处理后，也可做凉拌菜或炒食。

【药用功效】树皮入药，性味苦，温。具有祛痰消炎、止咳平喘等功效。用于慢性气管炎、咳嗽、气喘等症。

【其他用途】不详。

唐朝文学家韩愈诗曰："草树知春不久归，百般红紫斗芳菲。杨花榆荚无才思，惟解漫天作雪飞。"杨树花可食用，每逢人间四月天，取食杨树花序，是民间的传统之一。

# 柳树花序

【别名】柳花、柳椹、柳蕊、垂柳花

【学名】*Salix babylonica* L.

【植物形态特征】杨柳科，落叶乔木。树皮粗糙，深裂，暗灰褐色。小枝绿褐色，无毛，或仅在幼嫩时稍被柔毛，枝条细长下垂。叶片条状披针形或狭披针形，先端渐尖，基部楔形，叶缘具细锯齿，两面无毛。柔荑花序，总梗有短柔毛。雄花序生于短枝顶，上生3～4片小形全缘叶，苞片条状披针形，光滑，雄蕊2，分离，花丝基部具长柔毛，具2个腺体；雌花序被短毛，苞片和子房光滑，花柱极短，柱头2裂，具1个腺体。蒴果成熟后2裂。种子小，外被白色柳絮。花果期3～5月。

【分布生境】除西北、东北外大部分地区。生于山坡、村寨、河岸边、道路旁、公园等地。

【食用方法】柳芽含碘量极高，每1000克含碘10毫克，远远高于其他植物。

春季连同花序和嫩叶一起采集，清水洗净，放入开水锅中焯后，放入凉水中反复浸泡去除苦味，可做凉拌菜或与肉炒食。也可将食材洗净，均匀拌入干面粉上笼屉蒸，吃时拌入用蒜泥、醋、酱油、香油等做成的蘸料。

【药用功效】花性味苦，寒。具有祛风、利湿、止

凉拌柳芽菜

血、散瘀等功效。用于黄疸、吐血、便血、血淋、妇女闭经、牙齿疼痛等症。

【其他用途】叶及皮可做医药上的解热剂。木材可做柳木菜板、农具等。

　　唐朝诗人、书法家贺知章《咏柳》诗曰："碧玉妆成一树高，万条垂下绿丝绦。不知细叶谁裁出，二月春风似剪刀。"这是歌颂早春二月杨柳的诗。头两句描绘了春天新发的柳条碧绿柔软轻盈如垂丝的景象。后两句用设问的方式质疑，那么多细细的柳叶是谁裁剪出来的呢？原来是那好像剪刀一样的二月春风，裁剪出来一个充满诗情画意般的春天。

# 胡桃科

# 核桃花

【别名】胡桃花、羌桃、万岁子

【学名】*Juglans regia* L.

【植物形态特征】胡桃科，落叶乔木。树皮灰白色，有浅纵裂。小枝常被盾状着生的腺体。奇数羽状复叶，小叶5～11枚，椭圆状卵形或近圆形。花单性，雌雄同株。雄柔荑花序腋生，下垂；雌花序簇生于幼枝先端，排列成穗状。果实近球形，外果皮肉质，灰绿色，密生浅色小斑点。花期4～5月，果期8～9月。

【分布生境】我国各地区广为栽培。多见于山区、丘陵、村寨旁、公园等地。

【食用方法】用核桃花做菜为山区乡村特色。同科的山核桃、野核桃的花序同样可以食用。

**凉拌核桃花：**春季采集花序，撸去花只要花序轴（不撸花也可，但做出的菜肴色黑），清水洗净，放入开水锅中焯一下捞出，用凉水浸泡30分钟后，捞出控水放入盆中，加盐、鸡精、生抽、辣椒油拌均匀装盘即可。

**核桃花炒肉：**核桃花撸去花只要花序轴，用清水洗净，放入开水锅中焯一下捞出，放入凉水盆中浸泡30

分钟后，捞出挤干水分切长段，与肉或腊肉炒食。

**粉蒸核桃花：**核桃花序用清水冲洗干净放入盆中，撒入适量干面粉拌均匀，使其都能裹上一层干面粉，然后上笼屉蒸10分钟取出。在蒸核桃花序中撒入适量盐、辣椒面、葱花，用烧开的热油泼在辣椒面上拌均匀即可装盘食用。

**【药用功效】**核桃仁入药，性味甘，温。具有补肾固精、温肺定喘、润肠通便等功效。有润肺止咳、健脑养颜、润发乌发等保健作用，可用于神经衰弱、失眠健忘等的治疗。

**【其他用途】**果仁可榨核桃油、制作糕点等。

核桃花炒肉丝

# 木兰科

# 玉兰花

【别名】木兰、望春花、玉堂春、辛夷

【学名】*Magnolia denuata* Desr.

【植物形态特征】木兰科，落叶乔木。小枝淡灰褐色或灰褐色，嫩枝有柔毛。冬芽密生灰绿色或灰黄色茸毛。叶片倒卵形或倒卵状长圆形，全缘。花大，单生在小枝顶端，先叶开放，白色或淡紫色，有芳香气味；花被片9，倒卵状长圆形，萼片与花瓣无明显区别。聚合蓇葖果，圆柱形。花期春季，果期6～8月。

【分布生境】我国大部分地区有栽培。多见于庭院、村寨、山地、道路旁、公园等地。

【食用方法】**玉兰花茶**：鲜玉兰花一朵洗净取花瓣，绿茶少许放入杯中，用开水冲泡沏茶，喝前可调入适量蜂蜜。

**玉兰花粥**：锅中倒入1000毫升水，放入100克大米，煮成粥时，加入5朵撕碎的玉兰花瓣，稍煮片刻，可调入适量蜂蜜食用。

**玉兰花沙拉**：黄瓜切片，生菜、苦苣菜、玉兰花等撕成片，拌入适量色拉酱即可。也可用苹果、香蕉、西瓜、哈密瓜等水果做成沙拉。

**油炸面糊玉兰花**：鸡蛋和面粉调成糊，把洗净的玉兰花瓣裹上调好的面糊，放入油锅中炸成金黄色即可。

**玉兰花煎鸡蛋**：玉兰花洗净撕成小条，与鸡蛋液搅拌均匀，放入

玉兰花炒肉丝

油锅煎至两面金黄即可。

**玉兰花鱼汤：**鲫鱼煮成汤，出锅前撒入玉兰花丝略煮片刻即可。

　　用玉兰花还可做玉兰花饼、玉兰花糕、玉兰花熘肉片、玉兰花炒肉丝等菜肴。

　　【药用功效】花蕾入药，性味辛，温。具有散风寒、通鼻窍等功效。用于风寒头痛、鼻流浊涕、鼻塞、鼻炎等症。

　　【其他用途】花可提制浸膏。种子可榨油。

油炸面糊玉兰花

玉兰花炒芹菜蘑菇

# 白兰花

【别名】白兰、白缅花、缅桂、白玉兰

【学名】*Michelia alba* DC.

【植物形态特征】木兰科，常绿乔木。树高可达20米。叶互生，薄革质，卵状椭圆形或长圆形，两端均渐狭，全缘。花白色，单生叶腋，长3～4厘米，花瓣狭条形，有浓郁香味；雄蕊多数，多列，花丝扁平。果近球形，由多数开裂的心皮组成。花果期5～9月，一般不结实。

【分布生境】长江流域以南。生于路边、庭院、公园等地。

【食用方法】花具有浓郁的芳香味，南方人用来熏制茶叶。

白兰花粥：锅内倒入1000毫升，放入100克大米煮成粥，再放入2朵洗净的白兰花瓣，略煮片刻即成。

白兰花煲汤：锅内加水1500毫升，放入鲜白兰花30克、瘦猪肉丝200克、生姜2片，用盐、鸡精等调味，慢火煲1～1.5小时即成。

白兰花茶：杯中放入适量鲜白兰花和绿茶，用开水冲泡后饮用，香气袭人。

【药用功效】花性味苦，辛，温。具有止咳、化浊等功效。用于慢性支气管炎、前列腺炎、妇女白带异常、虚劳久咳、口臭等症。

【其他用途】花可提取香料。过去电影院门前常有人卖白兰花，有钱妇人会买来戴在头上或别在胸前，以增香气。

# 蜡梅科

# 蜡梅花

【别名】腊梅花、黄梅花、雪里花、铁筷子花

【学名】*Chimonanthus praecox* (L.) Link

【植物形态特征】蜡梅科，落叶小乔木。枝干有近圆形的皮孔。叶片椭圆状卵形。花先叶开放，有浓郁的芳香味；花被片多数，蜡黄色；雄蕊 5 ～ 6；心皮多数，分离。花托在果时半木质化，呈蒴果状，外被绢丝状毛，内含数个瘦果。花期 1 ～ 3 月，果期 8 ～ 10 月。

【分布生境】我国大部分地区有栽培。湖北、秦岭等地有野生。

【食用方法】**蜡梅金银花饮**：杯中放入数朵蜡梅花和少量金银花，用开水冲泡后饮用，幽香袭人。

**蜡梅花粥**：锅中倒入 1000 毫升水，加入 100 克大米煮粥，待粥快熟时放入数朵鲜蜡梅花煮至粥熟即可，吃时可加入适量白糖。

**蜡梅花大拌菜**：盆中放入加工处理好的生菜、黄瓜、樱桃番茄、紫甘蓝等蔬菜，加入数朵蜡梅花的花瓣，用盐、鸡精、香油等调味品拌均匀即可食用。

**蜡梅花土豆条**：土豆 500 克削皮洗净，切成薄片装入盘中上锅蒸熟取出，加适量盐和干淀粉用勺子压成土豆泥；蜡梅花 20 朵洗净取下花瓣，与土豆泥拌均匀揉成面团，再逐个搓成长 6 厘米、宽 2 厘米的长条，各蘸一层鸡蛋液，再裹一层面包糠备用。

锅中倒油烧至五成热时，下入加工好的土豆条炸至金黄色捞出装盘。

**蜡梅花鸡片：** 鸡胸脯肉200克，洗净切成片调味上浆；青椒100克，洗净切成菱形块；胡萝卜50克，洗净切成菱形片，下入开水锅中焯水后捞出，过凉水后沥干水分备用。锅内放油烧至五成热时，倒入鸡片滑散滑透后捞出。锅内留少许油，用葱花、姜末爆香后，放入青椒、胡萝卜、盐等炒至断生，加入滑好的鸡片、蜡梅花瓣、黄酒，水淀粉勾薄芡翻炒均匀即可出锅装盘。

此外，涮火锅时在汤中放几朵蜡梅花，四溢飘香，别具风味。

蜡梅金银花饮

【药用功效】花期采集花蕾晒干或烘干。花性味甘，微苦，温。具有解暑生津、顺气止咳等功效。用于热病烦渴、胸闷、百日咳、肝胃气痛、咳嗽等症。将花浸入麻油中即为蜡梅油，外搽治烫伤。

【其他用途】花可提取芳香油。

# 梅花

【别名】白梅花、春梅、干枝梅、乌梅

【学名】*Prunus mume* Sieb. et Zucc.

【植物形态特征】蔷薇科，落叶乔木。叶片狭卵形至宽卵圆形，叶缘具细锯齿；叶柄近顶端处有2个腺体。花单生或2朵簇生于枝条的叶腋处；花先叶开放，具暗香味；品种多，有单瓣花或重瓣花，颜色有白色、红色、粉红色等，红者称为红梅花。核果近球形，味酸。花果期1～6月。

【分布生境】我国各地广为栽培。常见于公园、庭院。

【食用方法】有关梅的最早文字记载距今已有3000多年的历史。出自商周时期的文献《尚书·说命下》中的"若作和羹，尔惟盐梅"。说明古代梅花的果实已经作为调味品了。

**梅花粥**：锅中倒入1000毫升水，放入100克大米煮成粥，然后放入10余朵洗净的白色梅花花瓣，加适量白糖稍煮即成。

**梅花海参**：水发海参150克斜切厚片；梅花数朵洗净；水发冬

笋30克切片；火腿20克切片备用。锅内倒入少量油烧热，用葱、姜、蒜炝锅后，倒入上述食材同炒，然后加入盐、黄酒、鸡精等调味即可。

**梅花鸡块汤：**煮熟的鸡块去掉骨头，将鸡肉切成小块备用。锅内倒入鸡汤，放入鸡肉、青豌豆、鲜蘑菇片，汤烧开后，用盐、胡椒粉等进行调味，撒入适量梅花花瓣略煮即可出锅。

梅花还可制作梅花素烧鹅、凉拌梅花、梅花鲤鱼汤、梅花汤饼、油炸梅花等。

此外，民间用梅花瓣酿制梅花酒。果实可酿制青梅酒、造醋，还可制作成话梅、果脯或酸梅晶等食用。

【药用功效】早春采集初开放的花朵晒干。药用以白梅花为主。花性味酸，涩，平。具有疏肝、和胃、化痰等功效。用于肝胃气痛、食欲不振、头晕、瘰疬等症。

【其他用途】梅花的观赏价值很高，可做盆景供观赏。

梅花原产于我国南方，至今已有3000多年的栽培历史。宋代诗人陈亮诗曰"一朵忽先变，百花皆后香，欲传春信息，不怕雪埋藏"。梅与兰、竹、菊并称为"四君子"，还与松、竹并称为"岁寒三友"。其凌寒傲雪，独步天下而春，因此象征着坚强、高洁的品格。梅花是中华民族的精神象征，其坚韧不拔、不屈不挠、奋勇当先、自强不息的精神品质，受到人们的赞赏和喜爱。

# 桃花

【别名】毛桃、白桃、红桃

【学名】*Prunus persica* (L.) Batsch

【植物形态特征】蔷薇科，落叶乔木。嫩枝光滑无毛，绿褐色至灰褐色。芽2～3个并生，中间的为叶芽。叶互生，椭圆状披针形或长圆状披针形，先端长尖，基部楔形，叶缘有锯齿。花单生，先叶开放，花梗短；花瓣5，倒卵形，呈粉红色、红色、白色等；雄蕊多数；子房被毛。核果卵球形或近圆形，腹缝极明显。花果期4～8月。

【分布生境】华北、华东、华中、华西南部等地。多见于果园、庭院等地。

【食用方法】桃花香味暗淡柔和，入菜肴能添色增香，并有润肤养颜等作用。同科的山桃花、蟠桃花等也可食用。

**桃花饮**：杯中放入4克干桃花，用开水冲泡饮用。

**桃花粥**：锅中倒入1000毫升水，放入100克洗净的大米煮成粥，再放入5朵鲜桃花瓣和适量白糖略煮即成。

**桃花酒**：桃花瓣洗净，在酒坛中放一层花瓣再放一层冰糖，直至装满为止，然后盖好盖。第二天倒入白酒密封15天即可饮用。每日睡前服用1小酒盅。

**桃花白芷酒**：酒坛中放入鲜桃花30克、白芷40克、白酒1000毫升，密封30天即成。每日早晚各服1次，每次1小酒盅。

**桃花馄饨**：盆中放入鲜桃花瓣60克、猪肉馅180克，加入调味品拌均匀成馅，包于馄饨皮内，上锅煮熟即可食用。

桃花还可做桃花猪蹄粥、桃花煮鱼、桃花鳜鱼蛋羹、桃花熘火腿、桃花枸杞蛙腿等。

【药用功效】桃花性味苦，平。具有利水、活血、通便等功效。用于水肿、脚气、痰饮、积滞、经闭、二便不利等症，孕妇忌用。桃仁入药，性味苦，甘，平。具有破血行瘀、润燥滑肠等功效。用于瘀血肿痛、闭经、血燥便秘、跌打损伤等症。

【其他用途】花枝可做鲜插花用。

我国是桃的故乡，种植桃树已有7500多年的历史。历朝历代的文人墨客赞美桃花的诗篇多不胜数。最著名的是，明朝书画家唐寅（唐伯虎）在《桃花庵遇仙记》中写道："桃花谷里桃花仙，桃花美人树下眠。花魂酿就桃花酒，君识花香皆有缘。"另则，唐寅的《桃花庵歌》写道："桃花坞里桃花庵，桃花庵里桃花仙。桃花仙人种桃树，又折花枝当酒钱。酒醒只在花前坐，酒醉还须花下眠。"唐寅的一生爱诗、爱画、爱酒、爱美人，这些诗映衬了他快乐的人生。

# 杏花

【别名】杏树花

【学名】*Prunus armeniaca* L.

【植物形态特征】蔷薇科，落叶乔木。小枝褐色或紫红色，光滑。叶片卵圆形，先端具短尾尖，基部圆形或略近心形，叶缘具钝锯齿；叶柄近顶端处有2腺体。花生于小枝端，先叶开放；花瓣5，阔卵形，白色或浅粉红色。核果近球形，黄白色至黄红色。花期3～4月，果期4～6月。

【分布生境】原产于亚洲西部。生于山坡疏林。我国东北、华北、华中、华东、西北、西南等地均有栽培。

【食用方法】除杏花外，同科的山杏的花也可食用。

**杏花虾蟹豌豆汤**：鲜杏花瓣20克洗净；煮熟的鲜豌豆150克；熟蟹肉80克；鲜虾仁150克上浆备用。锅内放油烧至六成热时，下入虾仁滑透，加入高汤、豌豆、蟹肉、盐、料酒、鸡精、白胡椒粉等烧开撇去浮沫，放入杏花瓣、葱花，淋入香油盛入汤碗内即可。

**杏花粥**：锅内倒入1000毫升水，放入100克大米煮成粥，撒入10克杏花瓣和适量白糖略煮即成。

【药用功效】花性味微苦，温。《名医别录》载："主补不足，女子伤中，寒热痹，厥逆。"杏仁入药，具有止咳平喘、润肠通便等功效。用于肠燥便秘、咳嗽气喘等症。

【其他用途】花枝可做鲜插花用。

# 杜梨花

【别名】梨花

【学名】*Pyrus betulifolia* Bge.

【植物形态特征】蔷薇科，落叶乔木。枝上疏生长尖刺，幼枝紫褐色，具茸毛。叶片菱状卵形至长圆形，先端渐尖，基部宽楔形，叶背面被茸毛，叶缘有锯齿。伞形总状花序，有花10余朵；花瓣5，白色。果实近球形，褐色，有淡色斑点，直径约2厘米。花期4月，果期8～9月。

【分布生境】华北、华中、华西等地。生于山坡、平原。

【食用方法】杜梨果实小，品质差，一般无人食用。云南人喜欢用杜梨花蕾制作菜肴，其他梨树的花也可做菜食用。

**杜梨花炒韭菜：**用未开苞的杜梨花蕾焯水后，配以腊肉、韭菜段、辣椒丝等炒食，别具地方特色。

**杜梨花粥：**锅内倒入1000毫升水，放入100克洗净的大米煮至粥熟时，撒入30克杜梨花瓣稍煮即成。

**杜梨花虾仁豆腐：**嫩豆腐200克切成小块，焯水去豆腥味；虾仁50克洗净，切成小段；青豆30克洗净；鲜杜梨花瓣20克洗净备用。锅内倒入鸡汤，放入豆腐、青豆、虾仁、盐、料酒等

调味品煮至汤稍浓时，撒入杜梨花瓣略翻炒即可。

**杜梨花糖醋肉：**瘦猪肉250克洗净，切成片调味上浆；杜梨花20朵洗净取花瓣留用；碗中放入适量白糖、食醋、淀粉、生抽、水调成碗汁备用。锅内倒入油烧至六成热时，放入浆好的肉片炸至微黄时捞起，待油温上升时再复炸至金黄色，捞出控油。锅内留底油，用葱、姜爆香，倒入碗汁烧至浓稠时，倒入肉片，撒上杜梨花瓣均匀翻炒出锅即可装盘。

**杜梨花鲫鱼：**杜梨花20朵洗净取花瓣留用；竹笋30克切成片焯水；鲫鱼2条（约500克）加工处理干净后，放入油锅炸至金黄色时捞出备用。锅内放入少许油烧热，用葱、姜片爆香，加入适量水、盐、生抽、料酒、胡椒粉等调味，下入炸好的鲫鱼、竹笋片烧至汤快收干时，撒上杜梨花瓣即可装盘。

**【药用功效】**不详。

**【其他用途】**杜梨可做各种栽培梨的砧木。

杜梨花炒肉丝

杜梨花鲫鱼

杜梨花虾仁豆腐

# 海棠花

【别名】西府海棠、海红、小果海棠

【学名】*Malus×micromalus* Makino

【植物形态特征】蔷薇科，落叶乔木。叶互生，长椭圆形至椭圆形，先端急尖或渐尖，基部楔形，叶缘具锯齿；叶柄较长。伞形总状花序，集生于小枝顶端；萼筒外面密被白色茸毛；花粉红色；雄蕊20；花柱5。果实近球形，成熟时红色。花期4～5月，果期8～9月。

【分布生境】华北、华西、华东南部。多见于庭院、公园等地。

【食用方法】除西府海棠外，同科的海棠、垂丝海棠等的花也可食用。

**海棠花粥：**锅内倒入1000毫升水，加入100克大米煮成粥，再加入洗净的海棠花瓣30克，略煮即成，吃时可调入适量蜂蜜。

**海棠花豆腐：**豆腐1块切成片；虾仁50克洗净；蘑菇100克洗净切片；水发竹笋50克洗净切片备用。锅内放少量油烧热，下入豆腐片煎至两面微黄时，加入高汤、盐、虾仁、蘑菇片、竹笋片一起煨熟，待汤稍浓时加入鸡精、胡椒粉、海棠花瓣略翻炒即可出锅装盘。

**海棠花炒牛肉：**海棠花瓣50克洗净；牛肉250克洗净切片上浆备用。锅中放适量油烧至六成热时，用葱、姜爆香，下入牛肉片快速翻炒，加盐、胡椒粉、海棠花瓣、适量红葡萄酒略炒出锅装盘。

**海棠花蒸鳜鱼：**鳜鱼1条处理干净，切花刀装盘，在鱼表面撒上盐、胡椒粉、葱白、姜片、料酒、酱油、海棠花瓣，放入锅中蒸熟即可。

**海棠花炒猪肝：**海棠花瓣50克洗净；猪肝250克切片上浆备用。锅中放油烧热，用葱丝、姜丝爆香，倒入猪肝片滑炒开，放入适量盐、辣椒油、白兰地酒、鸡精等调味，撒入海棠花瓣略翻炒即可出锅装盘。

西府海棠果实可加工蜜制成果脯，还可做糖葫芦串。

【药用功效】花性味淡，苦，平。《民间常用草药汇编》载："调经和血，治红崩。"孕妇忌服。

【其他用途】可做盆景供观赏。

自古以来海棠就是雅俗共赏的花木。海棠品种很多，而花果兼优的当属西府海棠了。西府海棠的最佳观赏时期是花蕾含苞欲放之时，美若少女；花开之时粉艳欲滴，暗飘微香；落花之时翩翩飞坠，令人怜惜；秋果之时挂满树枝，红染树冠。北宋文学家苏轼在《海棠》诗中曰："东风袅袅泛崇光，香雾空蒙月转廊。只恐夜深花睡去，故烧高烛照红妆。"这首诗表达了诗人对海棠花的痴迷留恋，夜深人静了还要手举灯烛观花。

# 枇杷花

【别名】卢橘、土冬花、金丸

【学名】*Eriobotrya japonica* (Thunb.) Lindl.

【植物形态特征】蔷薇科，常绿乔木。枝条、叶、果实密生锈色茸毛。单叶互生，叶片革质，长椭圆形、倒卵形或披针形，先端短尖，基部楔形，叶缘具疏锯齿，叶面皱，叶背面密被锈色茸毛。圆锥花序顶生，花序有分枝。花萼5浅裂，萼管短，密被茸毛。花瓣5，白色，倒卵形，具香味。雄蕊多数。花柱5，离生。果实椭圆形或近球形，成熟时橘黄色。各地的花果期不同。一般为花期9～11月，果期翌年5～6月。

【分布生境】华中、华东、华南、华西南部等地。

【食用方法】花含挥发油、低聚糖等成分。民间一般用来沏茶。

**枇杷花饮：**杯中放入适量鲜花朵或干品，用开水冲泡饮用，具有清香味。市场也常见到制作成罐装的枇杷花食品。

【药用功效】花期采集花朵，鲜用或晒干。花性味淡，微温。用于伤风感冒、咳嗽痰血等。此外，枇杷果实、枇杷果核、枇杷叶、枇杷根均可入药，有润肺、化痰、止咳等功效。

【其他用途】花可提取香料。

# 豆科

# 洋槐花

【别名】刺槐花

【学名】*Robinia pseudoacacia* L.

【植物形态特征】豆科，落叶乔木。树皮灰褐色或黑褐色，纵裂。小叶多数，叶片椭圆形至卵状椭圆形，全缘；叶柄基部常有2托叶刺。总状花序腋生，下垂。花萼深钟状，萼齿短，有柔毛。花白色，具芳香味；旗瓣有爪，基部有1黄色斑点。荚果条状长圆形，扁平。种子肾形，黑褐色。花期4～5月，果期7～9月。

【分布生境】原产于美国东部。我国各地广为栽培。

【食用方法】洋槐花茶：用适量的鲜槐花或干制品与茶叶一同泡水喝，具香味。

洋槐树花酒：酒坛中放入洋槐树花蕾100克、冰糖30克、白酒10000毫升，密封15天即可饮用。每日饮用

20毫升。

　　**洋槐花粥：**锅中加入1000毫升水，放入100克大米煮粥，粥快煮好时加入30克鲜洋槐花，略煮片刻即成。

　　**油炸面糊洋槐花：**用鸡蛋和面粉调成糊，洗净的洋槐花串裹上调好的面糊，放入油锅中炸至金黄色即可食用。

　　**蒸洋槐花：**洋槐花洗净淋入少量水使其湿润，均匀拌入适量干面粉后，上笼屉煮熟，吃时拌入调好的佐料汁即可。

　　**洋槐花摊鸡蛋：**把成串的洋槐花撸下来，花朵用清水洗净放入容器中，打入鸡蛋，加盐搅拌均匀后，锅中放油煎至两面金黄即可食用。

　　**洋槐花玉米面团子：**洋槐花朵洗净后放入容器中，调入黄酱等食材做成馅料，包在用玉米面和白面混合制成的面皮中，然后上锅蒸熟即可。也可烙馅饼。

　　【**药用功效**】花性味微苦，凉。具有清热凉血、止血降压等功效。用于肠道出血、痔疮便血、肝火旺盛、高血压等症。

　　【**其他用途**】花可提取香精。种子含油约20%，可做制造肥皂及油漆的原料。

油炸洋槐树花

洋槐树花馅玉米面团子

# 槐花

【别名】国槐花、豆槐花、槐米、金药树

【学名】*Sophora japonica* L.Mant.Pl.

【植物形态特征】蔷薇科，落叶乔木。枝条绿色，有明显的黄褐色皮孔。叶片卵状长圆形或卵状披针形，叶背面有伏毛及白粉。圆锥花序生于枝条顶端。花黄白色，有短梗。荚果肉质，念珠状，果皮不开裂。种子肾形，黑褐色。花期7～8月，果期9～10月。

【分布生境】我国各地广为栽培。常见于山坡、路旁、公园等地。

【食用方法】槐花可食用，但不及洋槐花好吃。一般用开水焯一下捞出，放入凉水中浸泡后，可煮粥或做糕饼的馅料。

【药用功效】花初开放时采集，晒干。槐花性味苦，凉。具有清热、凉血、止血等功效。用于肠风便血、痔疮出血、尿血、崩漏、风热目赤、痈疽疮毒等症。果实（槐角）入药，性味苦，寒。有清热、凉血、止血等功效。用于肠风泻血、痔疮、心胸烦闷、阴疮湿痒等症。

【其他用途】荚果可提取绿色染料。

# 羊蹄甲花

【别名】弯叶树、洋紫荆、红花紫荆

【学名】*Bauhinia variegata* L.

【植物形态特征】豆科，落叶乔木。叶片革质，圆形至阔卵形，先端2裂为全叶的1/4～1/2，裂片顶端钝或狭圆，叶基部圆形、截形或心形，形似羊蹄状，两面近无毛。总状花序顶生或腋生，有时复合为圆锥花序。花大，近无花梗，花红色、粉红色或白色。荚果条形，扁平。在南方热带地区全年都可开花。

【分布生境】云南、广东、广西、福建等地。生长在热带丛林、路边、庭院、村寨、公园等地。

【食用方法】云南等地傣族人常用羊蹄甲花做菜肴招待客人。鲜花采回后，用清水洗净花瓣，放入开水锅中焯一下捞出，过凉水后，可做凉拌菜或与肉炒食。也可将开水焯过的花瓣切碎，与鸡蛋液搅拌均匀后炒食。

【药用功效】花性味微苦，涩，平。具有消炎、解毒等功效。用于肝炎、肺炎、气管炎、支气管炎、肺热咳嗽等症。

【其他用途】可做行道观赏树木。

# 合欢花

【别名】绒花树、夜合槐、马缨花、芙蓉绒花树

【学名】*Albizia julibrissin* Durazz.

【植物形态特征】豆科，落叶乔木。小枝皮孔明显。叶为偶数羽状复叶，小叶镰刀形、长圆形或狭条形，全缘。头状花序，成伞房状排列，顶生或腋生，花粉红色；花丝细长。荚果条状，扁平。花果期6～10月。

【分布生境】我国大部分地区。生于山坡、路旁、庭院、公园等地。

【食用方法】**合欢花粥**：锅内倒入1000毫升水，放入100克大米，50克鲜合欢花一同煮至粥熟即可。

**合欢花拌豆腐**：鲜嫩花丝用开水焯一下捞出，放入凉水中浸泡后控干水分，与豆腐、调味品一起拌均匀即可食用。

**合欢花蒸鸡肝**：干合欢花30克、鸡肝100克，上笼屉蒸熟即可。

**合欢花明珠汤**：锅中加水煮开，放入50克瘦肉末煮20分钟后，放入90克合欢花、30克鲜鱼片、60克猪肝片煮5分钟后，放入少许切碎的榨菜、盐等调味即可食用。

【药用功效】夏季至秋季采集，晒干。花性味甘，平。具有舒郁、理气、安神、活络等功效。用于郁结胸闷、痈肿、咽痛、失眠、健忘、风火眼疾、视物不清、跌打损伤等症。

【其他用途】可做观赏树木。

唐朝诗人李顾《题合欢》诗曰："开花复卷叶，艳眼又惊心。蝶绕西枝露，风披东干阴。黄衫漂细蕊，时拂女郎砧。"通过描述合欢花的形态，表达人们对幸福生活的美好向往。

# 梧桐花

【别名】桐树、青桐、青皮树、梧桐子

【学名】*Firmiana simplex* (L.) W.Wight

【植物形态特征】梧桐科，落叶乔木。树皮青绿色。叶片大，掌状3～5深裂，基部心形，裂片先端渐尖，叶背面被星状短柔毛。圆锥花序顶生。花单性，花小淡绿色，无花瓣。雌花子房柄发达，心皮5，基部分离。蓇葖果，成熟前心皮裂成叶状，向外反卷；种子球形，4～5粒着生在心皮的边缘。花果期6～10月。

【分布生境】华北以南地区。生于庭院、路旁、公园等地。

【食用方法】无人食用。

【药用功效】花性味甘，平。具有清热解毒等功效。用于水肿、秃疮、烫伤等症。梧桐子味甘，性平。具有顺气、和胃、消食等功效。

用于胃痛、疝气、口疮等症。

　　【其他用途】种子含脂肪油约39%，可食用或榨油。

# 紫薇花

【别名】痒痒树、宝幡花、紫稍、鹭鸶花

【学名】*Lagerstroemia indica* L.

【植物形态特征】千屈菜科，落叶小乔木或灌木。枝条光滑，小枝幼嫩时呈四棱形。叶片椭圆形至长椭圆形，先端尖或钝圆，基部宽楔形或圆形。圆锥状花序顶生，萼筒顶端6浅裂。花瓣6，近圆形，边缘皱曲，基部有长爪，花的颜色有粉红色、白色、红色、紫红色等。雄蕊36～42，外侧6枚花丝较长。雌蕊1，花柱细长，柱头头状。蒴果圆球形。花果期5～9月。

【分布生境】我国大部分地区有栽培。生于路旁、庭院、公园等地。

【食用方法】无人食用。

【药用功效】花性味微酸，寒。用于产后血崩不止、带下淋漓、癥瘕、疥癞癣疮等症。根用于痈肿疮毒、牙痛、痢疾等症。

【其他用途】可做盆景供

观赏。

　　紫薇早在1000多年前就作为奇花异木而种植在宫廷中。据记载，公元713年，改中书省为紫薇省，中书令为紫薇令。从此，紫薇便成了中书令和侍郎等官职的代名词。于是人们往往把花与官结合起来，以花抒发个人情怀，留下了许多脍炙人口的美丽诗篇。

# 石榴科

# 石榴花

【别名】安石榴、金罂、丹若、金庞

【学名】*Punica granatum* L.

【植物形态特征】石榴科，落叶小乔木。小枝平滑，一般有刺针。叶对生或簇生，倒卵形或长椭圆形，全缘，光滑，叶柄短。花1至数朵生于小枝顶端或叶腋处。萼筒钟形，肉质肥厚，裂片6，三角状卵形。花瓣6，红色，稀为白色或黄色。浆果，近球形，褐黄色至红色，花萼宿存。种子多数，具有肉质外种皮和坚硬的内种皮。

石榴花炒肉丝

【分布生境】我国大部分地区有栽培。生于山坡、村寨、庭院等地。

【食用方法】云南大理等地有一道菜叫炒石榴花。百姓常将不结实的花萼筒用清水洗净，放入开水中焯后捞出，再入凉水中浸泡除去苦涩味后，与肉炒食，是一道别具风味的地方特色佳肴。

**石榴花粥：**锅中倒入1000毫升水，放入100克大米煮成粥，然后放入5朵洗干净的石榴花瓣和适量白糖，略煮片刻即可。

【药用功效】白石榴花性味酸，甘，平。具有止血、涩肠等功效。用于咳血、吐血、便血、久痢等症。红石榴花用于鼻子出血、中耳炎、创伤出血等症。

【其他用途】可做盆景供观赏。

# 木棉科

# 木棉花

【别名】英雄树、攀枝花、红棉、琼枝

【学名】*Bombax ceiba* L.

【植物形态特征】木棉科，乔木。树干具短而大的圆锥形刺突。掌状复叶，叶柄长；小叶5～7枚，长圆形至长圆状披针形。花大肉质，单生枝条叶腋处。花瓣5，红色或橙红色。花萼杯状，内面被丝毛。蒴果矩圆形，果瓣内有白色细长的绒毛。花期3～4月，果期5～7月。

【分布生境】我国华南、华西南部。生于山坡、村寨、公园等地。

【食用方法】我国云南、广东等地用木棉花蕊做菜肴食用。

**木棉花蕊炒肉**：采摘或捡拾掉落在地上的新鲜花朵，摘除花瓣，取其花蕊用清水洗净，放入开水中焯一下捞出，可与鲜肉或腊肉炒食。

**木棉花蕊摊鸡蛋**：花朵摘除花瓣，取花蕊清水洗净，放入开水中焯一下捞出沥干水分，与鸡蛋搅拌均匀后，在油锅中煎至两面金黄即可食用。也可与其他食材煮汤食用。

【药用功效】花性味甘，凉。具有清热、解毒、利湿、止血等功效。用于泄泻、痢疾、血崩、疮毒、金疮出血等症。

【其他用途】种子可榨工业用油。

木棉花的花语：珍惜你身边的人，珍惜你眼前的幸福，不要在失去后才追悔莫及，那时一切都晚了。

木棉花为广东省广州市、广西壮族自治区崇左市、四川省攀枝花市、台湾地区高雄市的市花。

# 桂花

【别名】木樨花、九里香、岩桂、金粟

【学名】*Osmanthus fragrans* (Thunb.) Lour.

【植物形态特征】木樨科，常绿乔木或灌木。叶对生，革质，椭圆形或长椭圆状披针形，光滑无毛。花簇生于叶腋，香味极浓；花乳白色或浅黄白色，花冠4裂；雄花具2雄蕊隐藏在花冠内；雌花柱头头状，子房2室。核果椭圆形，成熟时紫黑色。花果期8~10月。

【分布生境】我国秦岭、淮河以南可露地越冬。北方多为盆栽。

【食用方法】桂花有多个品种，如月桂、丹桂、银桂等均可食用。

**桂花茶：**杯中放入少许鲜桂花或干桂花，用开水冲泡后饮用，香气袭人，提神醒脑。

**桂花酒：**容器中放入白酒1000毫升、桂花100克、冰糖30克，封存15天后即可饮用。

**糖桂花：**桂花洗净控干水分，

放入碗中，放入同等重量的白糖或蜂蜜拌均匀后，装入罐中浸渍成糖桂花。用糖桂花可制作桂花年糕、藕粉桂花糕、桂花饼、桂花馅汤圆等甜食。

**桂花栗米粥：**锅内加水 1000 毫升、大米 100 克、剥去皮的栗子 50 克，切碎一同煮粥至熟时，加入糖桂花 50 克搅均匀即可。

**桂花莲藕：**莲藕 1 节刮去外皮，清洗干净，从藕顶端切开一小段，把泡透的江米填入藕孔中，将切下的藕顶端对接到原位上，用牙签固定好，放入锅中，加入适量水、冰糖、红枣、红曲米、糖桂花煮熟后取出放凉，用刀切成片斜向码入盘中。炒锅中放入适量煮藕的汤烧开，用水淀粉勾薄芡，再加入适量糖桂花炒均匀，淋在藕片上即成。

**桂花山药：**铁棍山药去皮洗净，切成同等大小的段备用。锅内放适量水，加入适量白糖烧开，下入山药段煮熟倒入盘中，撒上糖桂花即可。

**桂花鲤鱼：**鲤鱼 1 条加工处理干净后备用。锅内放油烧热，下入适量甜面酱、白糖、料酒、盐、姜末、高汤煮沸，放入鲤鱼烧至汤浓时淋上少许明油、撒上桂花即可装盘。

**桂花里脊：**猪里脊肉 250 克洗净，切成滚刀块放入碗中，加入适量生抽、鸡精、淀粉拌均匀，下入油锅炸至微红色时捞出。锅内加白糖、放入炸好的里脊肉，加水没过肉，用小火炖至汤黏稠时，撒入适量桂花即可装盘。

**桂花水果沙拉：**鸭梨 2 个、香蕉 1 根、苹果 1 个、菠萝 100 克，均去皮去核切成小方块放入盆中，加入适量糖桂花和沙拉酱拌均匀即可食用。

**桂花八宝饭：**山药 20 克切成小块、薏苡仁 10 克、白扁豆 10 克、桂圆肉 20 克、红枣 8 枚、栗子 20 克切成小块、莲子 10 克，用水泡透蒸熟备用；糯米 150 克，加水蒸熟备用。大碗内涂抹猪油，碗底铺上上述食材，再将蒸熟的糯米饭铺盖在上面，上笼屉蒸 20 分钟取出，将碗内食材扣在盘子中，浇上桂花糖水即成。

【药用功效】秋季采集花朵阴干，存放在密封的容器中。桂花性味辛，甘，温。具有化痰、散瘀等功效。用于痰多咳嗽、肠风血痢、疝瘕、牙痛、口臭等症。桂花露为桂花经蒸馏而得的液体，具有疏肝理气、醒脾开胃等功效。用于咽干、口燥、口臭、牙痛、牙龈肿胀等症。

【其他用途】花可提取精油，为食品工业的重要原料。桂花为著名的芳香树种，可做盆景供观赏。

唐朝著名诗人李白《咏桂》诗曰："世人种桃李，皆在金张门。攀折争捷径，及此春风暄。一朝天霜下，荣耀难久存。安知南山桂，绿叶垂芳根。清阴亦可托，何惜树君园。"

《花经》曰："桂花清可绝尘，浓能溢远，仲秋时节丛桂盛放，清香扑鼻，处处飘香。"桂花树是崇高、贞洁、荣誉、友好、吉祥的象征。凡仕途得志，飞黄腾达者谓之"折桂"。

桂花糯米藕

桂花八宝饭

桂花糕点

桂花年糕

# 流苏树花

【别名】茶叶树、萝卜丝花、牛筋子、乌金子

【学名】*Chionanthus retusus* Lindl.et Paxt.

【植物形态特征】木樨科，落叶乔木。叶对生，革质，椭圆形至长椭圆形，全缘。花单性，雌雄异株。聚伞状圆锥花序，生在叶侧枝的先端；花冠白色，4深裂，裂片线状披针形；雄花具2雄蕊；雌花花柱短，柱头2裂，子房2室。核果椭圆形或近圆形，暗紫色。花果期6～10月。

【分布生境】我国各地有栽培。生于山坡、河岸边、庭院、公园等地。

【食用方法】流苏树的嫩叶可代茶叶用，因而有"茶叶树"之称。

**流苏花奶油汤**：牛奶倒锅中煮开，放入甜玉米煮熟，再放入100克洗净的流苏花，放入奶油、香肠、盐，再煮沸即可食用。

**流苏花摊鸡蛋**：流苏花瓣洗净放容器内，

加盐与鸡蛋搅拌均匀，锅中放油，倒入搅均匀的蛋液，煎至两面金黄即可食用。

【药用功效】不详。

【其他用途】果实可榨食用油。

# 夹竹桃科

# 鸡蛋花

【别名】缅栀子、大季花、蛋黄花、擂捶花

【学名】*Plumeria rubra* L. 'Acutifolia'

【植物形态特征】夹竹桃科，常绿小乔木或灌木。小枝肉质肥厚，折断枝叶后会流出白色乳汁。叶片较大，长圆状倒披针形或长椭圆形，顶端渐尖，基部狭楔形，多聚生在枝顶端。聚伞花序顶生；花冠白色，内面基部鲜黄色，裂片5，倒卵形，旋转状排列，花有清香味。蓇葖果长圆柱形。花期5～10月，果期7～12月。

【分布生境】华南、西南等地。多见于公园、庭院、路边等地。

【食用方法】**鸡蛋花凉茶饮：**广东等地用鲜花数朵或干制品做凉茶饮用。

**油炸鸡蛋花：**新鲜鸡蛋花朵洗净控干水分，均匀裹上鸡蛋面糊，用油炸至金黄色即可食用。

【药用功效】花性味甘，平。具有清热解毒、润肺止咳等功效。用于暑热，湿热下痢，腹泻等症。

【其他用途】可做园林观赏树木。

油炸面糊鸡蛋花

鸡蛋花饮

# 玄参科

# 毛泡桐树花

【别名】紫花桐、桐皮

【学名】*Paulownia tomentosa* (Thunb.) Steud.

【植物形态特征】玄参科，落叶乔木。树皮灰褐色，小枝有明显的皮孔，常被黏质短毛。叶片卵状心形，长20～40厘米，先端急尖，基部心形，全缘或波状浅裂，叶片两面被绒毛；叶柄长3～15厘米，被黏质腺毛。圆锥花序顶生。花萼浅钟形，5深裂。花冠粉紫色，漏斗状钟形，先端5中裂，裂片向外反卷。雄蕊长约2.5厘米。子房卵圆形，有腺毛。蒴果卵圆形，幼时密被黏质腺毛，果皮厚，宿萼不反卷。花期4～5月，花开时香气四溢，果期8～9月。

【分布生境】东北、华北、华中、西南等地。生于山坡、庭院、路旁、公园等地。

【食用方法】无人食用。

【药用功效】花入药。用于治疗上呼吸道感染，支气管炎，急性扁桃体炎，痢疾，急性肠炎，急性结膜炎，腮腺炎，疔肿等症。毛泡桐果入药，具有去痰、止咳、平

喘等功效。毛泡桐树皮入药，性味苦，寒。具有消炎、止咳、利尿等功效。用于丹毒、淋病、跌打损伤等症。

【其他用途】木材为制作小提琴等乐器的上等材质。

# 百合科

# 凤尾兰花

【别名】凤尾丝兰、菠萝花

【学名】*Yucca gloriosa* L.

【植物形态特征】百合科，常绿小乔木或灌木。叶片剑形，坚挺，长40～60厘米，宽4～6厘米，先端坚硬成刺尖，无毛，外表被白粉，叶缘通常幼时具疏齿，老时全缘，稀有分离的细纤维。圆锥花序顶生；花白色或淡黄白色，下垂；花被片6，肉质宽卵形，长4～4.5厘米，宽1.5～2.5厘米；柱头3裂。蒴果长圆状卵形，不开裂。花期7～10月。

【分布生境】原产于北美东部及东南部。我国各地有引种栽培。

【食用方法】**凤尾兰花鸡蛋汤**：锅中倒入适量水烧开，放入10余朵凤尾兰花，用水淀粉勾薄芡，加盐、鸡精等调味煮开，淋入鸡蛋液略煮即可。

**凤尾兰花炒肉片**：胡萝卜适量切斜片焯水；5朵凤尾兰花瓣放入开水锅中焯一下水捞出，过凉水后控水；猪肉400克切片上浆备用。锅内放油烧热，葱、姜爆香，放入肉片滑散滑熟，加入胡萝卜片、凤尾兰花瓣、盐、鸡精、胡椒粉等翻炒，用水淀粉勾芡即可出锅。

**油炸凤尾兰花**：凤尾兰花洗净控干水分，均匀裹上鸡蛋面糊，放入油锅炸至金黄色即可食用。

【药用功效】不详。

【其他用途】可做观赏植物。茎叶纤维韧性强，可做缆绳等。

凤尾兰花炒肉片

油炸凤尾兰花

# 棕榈科

# 棕榈花

【别名】棕衣树、栟榈、定海针、山棕

【学名】*Trachycarpus fortunei* (Hook.) H.Wendl.

【植物形态特征】棕榈科，常绿乔木。株高可达15米。茎秆圆柱形，单生，被不易脱落的老叶柄和密集的棕色网状纤维。叶片掌状分裂，分裂至约3/4处，裂片40～50片，坚挺；叶柄可长达60厘米，顶端有小戟突，叶柄边缘具细齿，叶鞘纤维宿存。肉穗花序粗壮，多次分枝，从叶腋处抽出；花小，黄白色。果实阔卵形，成熟时由黄色变为淡蓝色，表面有白粉。花期4～5月，果期11～12月。

【分布生境】我国长江以南等地区。生于山地、疏林、路边、村寨、公园等地。

【食用方法】棕榈花是生活在南方地区傣族人吃的食材。他们常将棕榈花用开水焯后，与树番茄等食材一起蘸水食用，树番茄的酸味可平衡棕榈花的苦味。

**棕榈花凉拌菜：**幼嫩棕榈花序掰成小朵，用开水煮15分钟后，放入凉水浸泡2天，反复换水除去苦味，沥干水分装入盆中，放入焯过水的胡萝卜丝、蒜薹段、盐、鸡精、生抽、糖、醋、辣椒油等拌均匀后即可装盘。

**棕榈花炒腊肉：**幼嫩棕

棕榈花序掰成小朵，用开水煮15分钟后，放入凉水浸泡2天，反复换水除去苦味，沥干水分备用；适量腊肉切条、番茄切条、辣椒切条、葱切段备用。锅内放油烧热，下入腊肉翻炒，再放入番茄、辣椒、葱、盐、酱油、鸡精等翻炒断生即可装盘。

棕榈花炒腊肉

用上述方法处理过的棕榈花也可炖鸡、烧汤等。

【药用功效】棕榈花性味苦，涩，平。具有清火消炎、降血压等功效。用于泻痢、带下、血崩、瘰疬、高血压等症。

【其他用途】棕榈树皮纤维可做绳索等。

# 中文名称索引

主要参考
文献

[1] 中国人民解放军广州军区空军后勤部卫生部.常用中草药手册.北京：人民卫生出版社，1969.

[2] 中国科学院植物研究所.中国高等植物图鉴1-5册.北京：科学出版社，1972.

[3] 贺士元，邢其华，尹祖棠，等.北京植物志上下册.北京：北京出版社，1984.

[4] 彭铭泉，杨帆.大众药膳.四川：四川科学技术出版社，1984.

[5] 江苏新医学院.中药大辞典上下册.上海：上海科学技术出版社，1986.

[6] 巫德华.大众菜谱.河北：河北科学技术出版社，1985.

[7] 郝爱真，王发渭.家庭药酒.北京：金盾出版社，1992.

[8] 路新国，季鸿座.家庭营养粥谱.上海：上海科学技术出版社，1992.

[9] 金波，东惠茹，秦愈英.名花·佳肴·良医——花卉与保健.北京：地质出版社，1994.

[10] 郑湘如，王丽.植物学.北京：中国农业大学出版社，2001.

[11] 高学敏.中药学.北京：中国中医药出版社，2002.

[12] 邬志星，蔡育发，韩彦敏.食用花卉栽培及妙用.北京：中国农业版社，2003.

[13] 赵国华.大众花卉菜.北京：中国轻工业出版社，2000.

[14] 徐国钧，王强.中草药彩色图谱.福建：福建科学技术出版社，2006.

[15] 吴棣飞，孙光闻.食用蔬菜与野菜.汕头：汕头大学出版社，2009.

[16] 徐晔春，孙光闻.食用花卉与瓜果.汕头：汕头大学出版社，2009.

[17] 易蔚，黄克南.400种中草药野外识别图鉴.北京：化学工业出版社，2009.

[18] 车晋滇.560种中草药野外识别彩色图鉴.北京：化学工业出版社，2016.